PAUL BERNAYS
(1888–1977)

JÜDISCHE MINIATUREN
Herausgegeben von Hermann Simon

BD. 311 PAUL BERNAYS

Alle „Jüdische Miniaturen" sind auch im Abonnement beim Verlag erhältlich.

Die Deutsche Nationalbibliothek verzeichnet diese Publikation in der Deutschen Nationalbibliografie; detaillierte Daten sind im Internet über https://portal.dnb.de/ abrufbar.

Inh. Dr. Nora Pester
Haus des Buches, Gerichtsweg 28
04103 Leipzig
info@hentrichhentrich.de
http://www.hentrichhentrich.de

Lektorat: Federico J. Antonelli / Malte Gerken
Gestaltung: Michaela Weber
Druck: Winterwork, Borsdorf

1. Auflage 2023

Printed in Germany
ISBN 978-3-95565-598-3

REINHARD KAHLE, GIOVANNI SOMMARUGA

PAUL BERNAYS

EINE SCHLÜSSELFIGUR DER LOGIK UND GRUNDLAGEN DER MATHEMATIK

HENTRICH & HENTRICH

CENTRUM JUDAICUM

Umschlag vorn: Prof. Paul Bernays. Quelle: Fotosammlung René Bernays.

Inhalt

Vorwort

Paul Bernays (1888–1977) war ein herausragender Logiker und Philosoph der Mathematik. Sein Leben und Werk ist unter den Spezialisten in diesen Gebieten bekannt, verdient jedoch, eine breitere Aufmerksamkeit und Anerkennung zu finden. Sein der Wissenschaft und der Liebe zur Musik gewidmetes Leben verlief äußerlich ruhig, bis er 1934 als Jude gezwungen wurde, Deutschland zu verlassen. Es fiel ihm nicht leicht, in Zürich eine neue Existenz aufzubauen. Bernays steht stellvertretend für eine Generation von Wissenschaftlern, deren berufliche Existenz im weltgeschichtlichen Kontext einschneidenden Verwerfungen ausgesetzt war.

Wir möchten uns bei René Bernays, dem Großneffen von Paul Bernays, für seine großzügige Unterstützung unseres Buchprojekts mit Wort, Bild und Sympathie sehr herzlich bedanken. Weiter gehört unser Dank dem letzten Schüler und späteren Kollegen von Paul Bernays, Erwin Engeler, der uns nicht nur von seinen persönlichen Erfahrungen mit Paul Bernays berichtete, sondern auch seine „Bernaysiana" zur Verfügung stellte. Dem Rektor der ETH Zürich Prof. Günther Dissertori und dem ETH-Mathematiker Prof. Norbert Hungerbühler drücken wir unseren großen Dank aus für ihre finanzielle Unterstützung der Drucklegung

dieses Buches. Dem Schweizerischen Nationalfonds zur Förderung der wissenschaftlichen Forschung SNF sind wir dankbar dafür, dass er im Frühjahr 2017 einen einmonatigen Forschungsaufenthalt von Reinhard Kahle an der ETH Zürich ermöglichte. Der Forschungsaufenthalt wurde auch von der Udo-Keller-Stiftung und der Portugiesischen Forschungsgemeinschaft FCT (NovaMath, UIDB/00297/2020) gefördert. Ebenso geht unser Dank an die ETH-Bibliothek mit dem Hochschularchiv der ETH Zürich, welche uns hilfsbereit Dokumente und Bilder zur Verfügung stellte.
Unser größter und herzlichster Dank gehört Ludwig Bernays, dem Neffen von Paul Bernays. Er begleitete unsere Arbeit an der Biografie von Anfang an mit Interesse, Anteilnahme und großem Wohlwollen. Er beantwortete alle unsere Fragen, übergab uns eine private Familienchronik, machte uns auf wichtige Literatur zur Familie Bernays aufmerksam; er verfasste und schenkte uns für diese Biografie einen wunderbaren Text über seinen Onkel und vieles mehr. Leider erlebt er das Erscheinen dieser Biografie nicht mehr; er verstarb, 96-jährig, im September 2020.

Wir widmen diese Miniatur Ludwig Bernays.

Reinhard Kahle & Giovanni Sommaruga

Familie und Jugend

Paul Bernays wurde am 17. Oktober 1888 in London als erstes Kind von Julius Bernays (1862–1916) und Sara Bernays geb. Brecher (1867–1953) geboren. Seine Familie war eine deutsch-jüdische, wenn auch sein Vater Schweizer Staatsbürger war. Die Eltern waren Cousin und Cousine und hatten einen gemeinsamen Großvater. Dieser spielte eine bedeutende Rolle im deutschen Judentum: Chacham Isaak Ben Jacob Bernays (1792–1849) war als Oberrabbiner in Hamburg ein Vorreiter der modernen jüdischen Orthodoxie. Er führte in Hamburg deutschsprachige Predigten in der Synagoge ein, wandte sich aber gegen das Reformjudentum des Hamburger Tempels.

Unter den Nachkommen von Isaak Bernays finden sich eine Reihe bekannter Namen aus Wissenschaft und Kunst. Er hatte sieben Kinder: Fanny (1823–1888), Jacob (1824–1881), Berman (1826–1879), Lea (1829–1924), Michael (1834–1897), Levin Louis (1838–1891) und Johanna (1840–1916).

Jacob Bernays war klassischer Philologe, der sich zeitlebens zum orthodoxen Judentum bekannte. Damit war ihm lange Zeit eine akademische Karriere verwehrt und erst nach der rechtlichen Emanzipation der Juden im Norddeutschen Bund wurde er

Abb. 1: Isaak Bernays

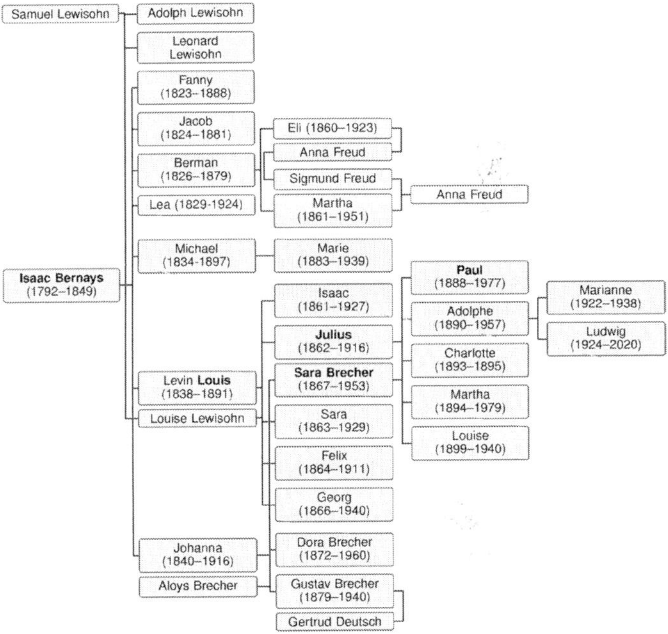

Abb. 2: Stammbaum der Familie Bernays

zum außerordentlichen Professor und Bibliothekar in Bonn ernannt.
Michael Bernays, Literaturwissenschaftler und Goetheforscher, wurde Professor in München. Er konvertierte 1856 zum Protestantismus. Michael Bernays' Tochter Marie Bernays (1883–1939) war eine der ersten Studentinnen an der Universität Heidelberg sowie eine der ersten promovierten Frauen Deutschlands. Als Frauenrechtlerin und Politikerin saß sie von 1921 bis 1925 im Badischen Landtag.
Berman Bernays war der Vater von Martha Bernays (1861–1951), der Ehefrau von Sigmund Freud; Berman Bernays' Sohn Eli Bernays (1860–1923) ehelichte Anna Freud, die Schwester von Sigmund Freud. Edward Bernays, der Sohn von Eli Bernays, wurde berühmt als Begründer der modernen Theorie der Propaganda, welche später als Public Relations bezeichnet wurde.
Mit Louis Bernays, dem Großvater von Paul Bernays, begründet sich die Schweizer Linie der Bernays'. Er ließ sich zuerst 1859 im schweizerischen Baden (Kanton Aargau) nieder und zog 1862, als das Niederlassungsverbot für Juden im Kanton Zürich aufgehoben wurde, mit seiner Familie in die Nähe von Zürich. Er war im selben Jahr einer der zwölf jüdischen Männer, die die Israelitische Cultusgemeinde Zürich gründeten. Ebenfalls 1862 wurde Paul Bernays' Vater Julius

Bernays geboren und die Familie erwarb das Schweizer Bürgerrecht.
1860 hatte Louis Bernays Louise Lewisohn (1840–1898) geheiratet. Sie war die Tochter des Hamburger Kaufmanns Samuel Lewisohn (1809–1872), der einen gutgehenden Borsten- und Federhandel betrieb. Adolph und Leonard Lewisohn, die Brüder von Louise, wanderten nach New York aus und wurden auf der Grundlage des väterlichen Geschäfts und im Kupferhandel sehr reich. Sie machten sich auch als Philanthropen, Kunstsammler und Kunstmäzene einen Namen. Es ist anzunehmen, dass Louis Bernays als Kaufmann einen Betrieb führte, der wesentlich von seinem Schwiegervater und seinen Schwagern abhängig war. In einer Familienchronik schreibt Ludwig Bernays, ein Urenkel von Louis und Neffe von Paul Bernays: „[Adolph und Leonards] Schwager Louis Bernays war als Kaufmann wohl weniger erfolgreich, lebte aber – vermutlich gerade dank der Liaison mit der Familie seiner Frau – stets in wohlhabenden Verhältnissen. Martha Bernays schreibt am 10.9.1883 an Freud über ihren Onkel Louis: ‚Denk Dir, nachdem er im vorigen Jahr von Hamburg nach Paris übersiedelt, weil es seine Chefs so verlangten, muss er nun in drei Monaten abermals mit Sack und Pack nach London, wenn er nicht eine glänzende Aufbesserung, die damit verbunden ist, ausschlagen

will.‘ Diese sogenannten Chefs des nominell selbstständigen Inhabers der im Borsten-, später Straussfederhandel tätigen Firma Louis Bernays waren wohl niemand anders als die lieben Brüder der Ehefrau Louise. Die Firma Louis Bernays ging später an meinen Grossvater Jules [Julius] über, der als Kaufmann überhaupt nicht reüssierte, aber trotzdem mit seiner Familie recht flott lebte – wahrscheinlich auch er dank Lewisohns.“ Der genannte Sohn Julius, der das väterliche Geschäft wohl mehr schlecht als recht fortführte, war der Vater von Paul Bernays.

Das jüngste Kind von Isaak Bernays, Johanna („Hanna“), heiratete Aloys Brecher (1840–1916), der einer Ärztedynastie entstammte und selbst ein erfolgreicher Arzt war. Ihre Kinder waren Sara Brecher, die Mutter von Paul Bernays, Dora („Dörre“) Wopert-Brecher (1872–1960) und Gustav Brecher (1879–1940).

Gustav Brecher war ab 1914 Generalmusikdirektor an der Leipziger Oper und langjähriger Erster Kapellmeister am Stadttheater in Hamburg. Er war schon als Kind musikalisch begabt und hatte als 17-Jähriger eine symphonische Dichtung nach Henrik Ibsens „Rosmersholm“ komponiert, die Richard Strauß zur Aufführung brachte. Von den Nationalsozialisten entlassen, kam er nach einer Irrfahrt durch Europa schließlich nach Ostende in Belgien. Bei dem Einmarsch der deutschen Wehrmacht in Belgien im Mai

1940 versuchte er mit seiner Frau Gertrud – der Tochter von Felix Deutsch, einem der Mitbegründer des Elektrizitätskonzerns AEG – und seiner Schwiegermutter in einem kleinen Fischerboot nach England überzusetzen. Alle drei kamen im Ärmelkanal ums Leben.

Julius und Sara Bernays hatten fünf Kinder: Paul, Adolphe (1890–1957), Charlotte (1893–1895), Martha (1894–1979) und Louise (1899–1940). Aufgrund der beruflich bedingten Umzüge von Julius Bernays wurden Paul in London, Adolphe in Paris und die Schwestern schließlich in Berlin geboren.

Abb. 3: Paul, Martha, Louise, Sara und Adolphe Bernays

Nach eigener Aussage hatte Paul Bernays während seiner Kindheit ein schönes Familienleben. Er besuchte von 1895 bis 1906 das Cöllnische Gymnasium in Berlin. Dort entdeckte er seine Freude an der Mathematik und an alten Sprachen und vertiefte sein Interesse an der Musik. Nach einem Semester Ingenieurswissenschaften an der Technischen Hochschule in Charlottenburg wechselte er an die Universität Berlin, um Mathematik zu studieren. Nach vier Semestern folgte er 1909 seinem Lehrer und späteren Doktorvater Edmund Landau nach Göttingen. Das Studium schloss er dort 1912 mit seiner Promotion in Mathematik ab. Mit seinem mathematischen Talent tanzte er aus der Reihe; wie er selbst bemerkte, war die Familie eher geisteswissenschaftlich und musisch veranlagt. Er war zwar musikalisch begabt, erwog auch kurzzeitig eine musikalische Karriere, befand dann aber seine eigenen Fähigkeiten als zu „dilettantisch". Die Liebe zur Musik begleitete ihn jedoch sein ganzes Leben lang und er war ein ausgezeichneter Klavierspieler. Mozarts „Zauberflöte" konnte er auswendig spielen.

Leonard Nelson in Göttingen und die erste Zürcher Zeit

Über Bernays' Mathematikstudium in Göttingen ist nicht viel bekannt, umso mehr aber über seine Philosophiestudien in jener Zeit. In einem Interview spät in seinem Leben meinte Bernays, dass seine mathematische Ausbildung damals recht fragmentarisch gewesen sei und dass er einen beträchtlichen Teil der Studienzeit für Philosophie aufgewendet habe.[1] Von zentraler Bedeutung war für ihn die Bekanntschaft mit dem Philosophen Leonard Nelson (1882–1927), dessen philosophischem Kreis er beitrat.

Nelson studierte von 1901 bis 1904 in Heidelberg, Berlin und Göttingen Philosophie und Mathematik. In der Philosophie hatte sich Nelson eine „Renaissance der Friesschen Philosophie"[2] zum Ziel gesetzt, d. h. die Philosophie von Jakob Friedrich Fries (1773–1843) zu verbreiten und weiter zu entwickeln. Zu diesem Zweck gründete er 1903/04 die Neue Fries'sche Schule und im Jahr 1913/14 die Jakob-Friedrich-Fries-Gesellschaft; 1904 nahm er zusammen mit zwei Kollegen die Publikation der *Abhandlungen der Fries'schen Schule* wieder auf. Sie wurden als *Abhandlungen der Fries'schen Schule Neue Folge* bezeichnet. Paul Bernays gehörte zu den Gründungsmitgliedern der Jakob-Friedrich-Fries-Gesellschaft, und 1917 trat auch der

Abb. 4: Leonard Nelson

bedeutende Mathematiker David Hilbert (1862–1943) als unterstützendes Mitglied bei.
Erst 1909 habilitierte Nelson sich dank der Unterstützung von David Hilbert und 1919 erhielt er, wiederum dank Hilberts Unterstützung, eine außerordentliche Professur.
Nelsons Interessen gingen über die theoretische Philosophie hinaus. Seine Wahrnehmung der Gesellschaft als einer ungerechten war ein zentrales Motiv für sein philosophisches Denken und führte zu seiner Gründung einer sozialreformatorischen Bewegung.

Zwei seiner drei Hauptwerke hatte Nelson der praktischen Philosophie gewidmet, das heißt der Rechts- und politischen Philosophie sowie der Ethik und Pädagogik. Da Nelson stets darauf bedacht war, seine philosophischen und wissenschaftlichen Einsichten praktisch umzusetzen, engagierte er sich politisch: Er gründete 1918 den sozialistisch orientierten Internationalen Jugendbund, 1922 die Philosophisch-Politische Akademie, eröffnete 1924 ein reformpädagogisches Landerziehungsheim in Nordhessen und gründete 1926 den Internationalen Sozialistischen Kampfbund.

Kollegen, Schüler und spätere Biografen schildern, dass Leonard Nelson ein scharfer Polemiker war, was ihm viel Ärger eintrug, und dass er leicht ausfällig wurde. Er besaß großes rhetorisches Geschick und pädagogische Penetranz: In seinen Lehrveranstaltungen war er auf wissenschaftliche Strenge bedacht und forderte Dialog ein, was zahlreiche Studierende anzog. Doch Nelson konnte auch sehr charmant sein und verfügte über ein ausgeprägtes Selbstbewusstsein und eine gewisse Unverfrorenheit. Sein Rigorismus und seine oft verletzende Schroffheit machten ihn dennoch zum wissenschaftlichen Außenseiter.

Paul Bernays machte schon früh in seiner Göttinger Studienzeit die Bekanntschaft mit Leonard Nelson und wurde von diesem gefördert. Bernays' erste drei

Zeitschriftenveröffentlichungen sind der Philosophie zuzurechnen und wurden 1910 und 1913 in Nelsons *Abhandlungen der Fries'schen Schule* veröffentlicht. Bernays betonte immer wieder, dass seine philosophischen Ansichten in dieser Zeit durch Nelson und mit ihm weiter auch durch Fries und Kant geprägt wurden. Aber bei aller philosophischen Verbundenheit hat er sich den radikalen politischen und gesellschaftlichen Überzeugungen Nelsons nicht angeschlossen. Insbesondere nahm Bernays an den politischen Anliegen des Internationalen Sozialistischen Kampfbundes keinen Anteil. Er gab jedoch nach dem Zweiten Weltkrieg Nelsons mathematisch-philosophische Arbeiten heraus und war auch einer der Herausgeber der neunbändigen Ausgabe der Gesammelten Schriften (ab 1970) von Leonard Nelson. 1953 bezeichnete er sein damaliges Verhältnis zu Nelson als dasjenige eines engeren Mitarbeiters und schrieb darüber: „Die persönliche Beziehung Nelsons zu mir war eine sehr freundschaftliche, und sie wurde auch nicht getrübt, als ich mich in den späteren Jahren in den philosophischen Ansichten von der Fries'schen Philosophie etwas entfernte, – freilich auch nur in einer solchen Weise, bei der mir die Anknüpfung an die Nelsonsche Schule immer wesentlich geblieben ist. In meiner gegenwärtigen philosophischen Beschäftigung bin ich mir stets bewusst, wie viel ich von dem zehre, was ich in meiner Schülerschaft bei Nelson empfangen habe."[3]

1913 ging Bernays an die Universität Zürich, wo neben dem neuen, ebenfalls aus Göttingen kommenden Lehrstuhlinhaber Ernst Zermelo (1871–1953) ein weiterer Privatdozent gesucht wurde. Bernays hatte in Göttingen Zermelos Vorlesung über mathematische Logik besucht und war gewiss durch dessen Vermittlung nach Zürich gekommen.

Zermelo war durch seine axiomatische Begründung der Mengenlehre bekannt geworden. Aufgrund seiner Tuberkuloseerkrankung konnte er seinen Vorlesungsverpflichtungen in Zürich nur beschränkt nachkommen und wurde bereits 1916 pensioniert. Über das Verhältnis von Bernays zu Zermelo in dieser Zeit lässt sich wenig sagen. Auffällig ist, dass sich Bernays in Zürich sehr schnell habilitierte, mit einer Arbeit, die seinem Göttinger Doktorvater Landau thematisch nähersteht als Zermelo. Er machte in Zürich auch Bekanntschaft mit Albert Einstein (1879–1955), Hermann Weyl (1885–1955) und Georg Polya (1887–1985). Den beiden Letztgenannten dürfte er schon in Göttingen begegnet sein. Paul Bernays' Neffe Ludwig Bernays berichtet, dass sein Onkel in diesen Jahren hin und wieder mit Albert Einstein musiziert habe, wobei Paul Bernays Klavier und Albert Einstein Geige gespielt hätten. Da er Zermelo schon in seinen Vorlesungen ersetzen musste, wurde Bernays auch als Kandidat für dessen Nachfolge an der Universität Zürich in Betracht gezogen. Die Fakultät äußerte aber Bedenken über Bernays' Unterricht: „Leider ist es der Fakultät nicht möglich, den Privatdozenten für Mathematik an der Universität, Herrn Dr. Bernays, in Vorschlag zu bringen. Die von zwei Mitgliedern der Fakultät angehörten Vorlesungen dieses Herrn haben den Eindruck hinterlassen, dass sich Herr Dr. Bernays in keiner Weise dazu eignet, die Studierenden in die höhere Mathematik einzuführen", hieß es in einem Bericht an die Erziehungsdirektion des Kanton Zürich.[4]

1916 starb Paul Bernays' Vater Julius in Leipzig. Es gibt keine Zeugnisse, aus denen hervorgehen würde, wie Paul dies aufgenommen hat und welche Konsequenzen der Tod für die Familie gehabt haben könnte. Seine Mutter und Schwestern blieben bis 1934 in Berlin.

1917 musste sich Paul Bernays um eine neue Stelle bemühen, weil seine Stelle bei Zermelo befristet war und er Zermelos Professur nach dessen Frühpensionierung nicht erhielt. Er erwog, die wissenschaftliche Karriere aufzugeben. Deshalb knüpfte er u. a. Kontakte zu einer Berliner Versicherung und, um als mathematischer Schriftsetzer zu arbeiten, zum Springer-Verlag. In dieser Situation fügte es sich gut, dass David

Abb. 5: Paul Bernays

Hilbert einen Mitarbeiter für seine wieder neu aufgenommenen Untersuchungen zu den Grundlagen der Mathematik suchte. Als Hilbert im Frühjahr 1917 in der Schweiz war, lud er Paul Bernays und Georg Polya zu einem Spaziergang auf den Zürichberg ein. Die Hilbert-Biografin Constance Reid schildert diese Zusammenkunft: Polya sei gewöhnlich ein redseliger,

Bernays dagegen ein eher zurückhaltender, schüchterner, stiller und etwas nervöser Mensch. Zur Überraschung von Bernays und Polya war das Gesprächsthema mit Hilbert zudem nicht Mathematik gewesen, sondern Philosophie. Da Bernays in Göttingen auch Philosophie studiert und Leonard Nelson nahegestanden hatte, habe er auf dem Spaziergang bedeutend mehr gesprochen als der üblicherweise gesprächige Polya.[5] In einem Interview im Juli 1977 bemerkte Bernays dazu: „Anscheinend war Hilbert damals davon einigermaßen befriedigt von der Unterhaltung, und im September kam er zu einem Vortrag nach Zürich, und da hat er mich dann engagiert."[6]

Assistent von David Hilbert und die zweite Göttinger Zeit (1917–1932)

David Hilbert war neben Henri Poincaré (1854–1912) einer der führenden Mathematiker zu Beginn des 20. Jahrhunderts. Sein wissenschaftliches Interesse bezog sich auf praktisch alle Bereiche der Mathematik, besonders auch auf die Grundlagen der Mathematik. Hilbert hatte durch eine grundlegende Revision der Euklidischen Axiome die Geometrie auf eine neue axiomatische Basis gestellt und war einer der ersten Verfechter der neuen, von Georg Cantor (1845–1918) begründeten Mengenlehre. Dabei war Hilbert aber durch die in den naiven Ausgestaltungen dieser Mengenlehre auftretenden Paradoxien um die Sicherheit des mathematischen Schließens besorgt. Schließlich war Hilberts Interesse an den Grundlagen der Mathematik auch philosophisch motiviert: Ende des 19. Jahrhunderts hatte der Physiologe Emil Heinrich du Bois-Reymond die Möglichkeiten der Wissenschaft mit den Worten „ignoramus et ignorabimus" („Wir wissen nicht und werden nicht wissen") programmatisch in Zweifel gesetzt. Hilbert empfand eine tiefe Abneigung gegen den Wissenschaftsskeptizismus jener Zeit und hatte sich zur Aufgabe gesetzt, zu zeigen, dass es ein solches „ignorabimus" in der Mathematik nicht geben könne.

Abb. 6: David Hilbert

Bei seiner axiomatischen Begründung der Euklidischen Geometrie hatte Hilbert die Frage nach deren Widerspruchsfreiheit auf die Widerspruchsfreiheit der Axiomatik für die reellen Zahlen zurückgeführt. Diese Axiomatik bedurfte aber einer weiteren Analyse der Logik und Mengenlehre. Die anzugehenden Fragen stellte Hilbert in einem programmatischen Vortrag auf einer Tagung der Schweizerischen Mathematischen Gesellschaft in Zürich im September 1917 vor. Dies war auch die Gelegenheit, Bernays einzuladen, als sein Assistent zurück nach Göttingen zu kommen.

Abb. 7: Teilnehmer der Jahrestagung der Schweizerischen Mathematischen Gesellschaft 1917 in Zürich. Hilbert vorne in der Mitte; Bernays in der dritten Reihe rechts hinter ihm.

Nachdem Bernays das Angebot angenommen hatte, war er sofort an der Ausarbeitung Hilbert'scher Vorlesungen zu logischen Themen beteiligt. Unzufrieden mit der Behandlung der Quantoren in den „Principia Mathematica“ (1910–1913), einem monumentalen Werk von Alfred North Whitehead (1861–1947) und Bertrand Russell (1892–1970) zur Begründung der Mathematik auf logischer Basis, entwickelte Bernays eine Axiomatik der Logik, die in praktisch unveränderter Form heute noch als Prädikatenlogik erster

Stufe in jeder universitären Logikeinführung gelehrt wird.

1918 habilitierte sich Bernays zum zweiten Mal, jetzt in Göttingen, mit einer Arbeit über den axiomatischen Aussagenkalkül der „Principia Mathematica". Nach Bernays „bestand damals in der Mathematik kein besonderes Interesse an der Logik",[7] sodass er seine Arbeit nicht veröffentlichte. Der amerikanische Logiker Emil Post veröffentlichte 1920 eine Dissertation mit den gleichen Resultaten, zu denen er aber unabhängig von diesem gelangte.

Bernays' Arbeit als Assistent von Hilbert lässt sich nicht mit der eines heutigen Universitätsassistenten vergleichen. Bernays war für die inhaltliche Vorbereitung der Vorlesungen von Hilbert zuständig, begleitete ihn zu sämtlichen Vorlesungen, übernahm gelegentlich einen Teil der Vorlesung und sorgte vor allem für die nachträgliche Ausarbeitung. Darüber hinaus diskutierte und besprach er mit Hilbert regelmäßig dessen Untersuchungen zu den Grundlagen der Mathematik. Mit der Zeit übernahm er die Betreuung von Hilberts Doktoranden und studierte und verarbeitete die für deren Arbeiten erforderliche Literatur.

Dementsprechend wurde Bernays auf Antrag Hilberts 1922 zum „nicht beamteten ausserordentlichen Professor" in Göttingen ernannt. In seinem Gutachten lobte Hilbert Bernays in den höchsten Tönen: „Er ist ausgezeichnet durch eine hingebende Liebe zur Wissenschaft, überdies ein zuverlässiger Charakter und vornehm denkender Mensch, überall hochgeschätzt. In allen Fragen über die Grundlagen, vor allem über die der mathematischen Wissenschaft ist er der gründlichste Kenner und insbesondere mir der wertvollste und erfolgreichste Mitarbeiter."[8] Einigen erschien es damals, als würde Bernays von Hilbert ausgenutzt, denn er war kein junger Student mehr, sondern ein erfahrener Mathematiker in seinen Mittdreißigern. Hilbert hatte keine Hemmungen, Bernays zu harter Arbeit anzuhalten – ebenso wie sich selbst. Wie Weyl berichtet, war Hilbert enorm arbeitsam und fleißig. Dasselbe erwartete er auch von seinen Assistenten.[9]

Von den frühen 1920er Jahren an arbeitete Bernays intensiv an den zweibändigen „Grundlagen der Mathematik". Selbst in den Ferien schrieb er daran. Diese Ferien verbrachte er regelmäßig bei seiner Mutter und seinen Schwestern in Berlin. Die Arbeit führte immer wieder zu heftigen Auseinandersetzungen zwischen Bernays und Hilbert. Bernays schätzte den Umstand sehr, dass Hilbert, auch wenn er in den Diskussionen mit ihm sehr leidenschaftlich und emotional wurde, es ihm nie verübelte, wenn er einen entgegengesetzten Standpunkt einnahm. Nach der gemeinsamen Arbeit debattierten sie oft über Politik. Hilbert genoss es, seine Ansichten dazu auf extreme oder paradoxe Weise auszudrücken, was der ausgewogenen und wohlbedachten Weise von Bernays gar nicht entsprach. Nach den logisch-mathematischen und politischen Diskussionen kehrte oft zum Thema Musik wieder Frieden ein. Bernays liebte bekanntlich Musik und er war beeindruckt, wie sich Hilberts musikalisches Wissen und Wertschätzung der Musik über die Jahre hinweg entwickelten. Aus Schilderungen der Hilbert-Biografin Constance Reid geht hervor, dass Hilbert ein vertrauliches, freundschaftliches Verhältnis zu Bernays pflegte.

Die Göttinger Zeit als Assistent Hilberts und außerordentlicher Professor war für Bernays eine wissenschaftlich fruchtbare Lebensphase, wahrscheinlich die fruchtbarste seines Lebens. Seine zweite Habilitationsschrift schloss er schon kurz nach der Ankunft in Göttingen 1918 ab. 1922 publizierte er zwei Artikel zu Hilberts Grundlagenforschung und Philosophie der Mathematik sowie einen Artikel über kinetische Gastheorie, und zwischen 1926 und 1928 erschienen drei Artikel zur theoretischen Logik (der erste bestand aus Teilen seiner zweiten Habilitationsschrift). Das 1928 in erster Auflage erschienene Lehrbuch „Grundzüge der theoretischen Logik“ von Hilbert und Ackermann basiert im Wesentlichen auf Bernays’

Vorlesungsausarbeitungen, was zwar im Vorwort erwähnt wird, doch historisch nicht hinreichend zur Kenntnis genommen wurde. 1928 und 1930, kurz nach Nelsons Tod, schrieb er zwei Artikel über Nelson und die Fries'sche Philosophie in ihrem Verhältnis zur Mathematik bzw. zum gegenwärtigen Stand der Wissenschaft, um sich 1930 und 1932 in zwei Artikeln wieder der Hilbert'schen Beweistheorie zuzuwenden. Ende der 1920er Jahre hielt Bernays auch Vorlesungen über die Mengenlehre. Diese schrieb er später in einer Reihe von bedeutenden Artikeln über die axiomatische Mengentheorie nieder. Seine größte wissenschaftliche Leistung jener Zeit lag in der Ausarbeitung des ersten Bandes der „Grundlagen der Mathematik", ein Meisterwerk, das er gemeinsam mit Hilbert veröffentlichte, wenn auch allgemein als gesichert gilt, dass Bernays den ersten Band der „Grundlagen" allein verfasst hat. Er wurde 1933 fertiggestellt, gerade als sein Aufenthalt in Göttingen zu einem erzwungenen Ende kam.

Abb. 8: Gedenktafel an Bernays' Wohnhaus 1917–1925 in Göttingen

Entlassung in Göttingen und Neuanfang in Zürich (1933–1945)

Die Mathematik in Göttingen hatte ihren Weltruf im 19. Jahrhundert mit Carl Friedrich Gauß (1777–1855) begründet. In der Zwischenkriegszeit war sie zu einem Mekka für internationale Studenten geworden. Das lag nicht zuletzt an der Beziehung zur theoretischen Physik, deren neu entdeckte Theorie der Quantenmechanik zu nicht unwesentlichen Teilen in Göttingen ausgearbeitet wurde. Die Göttinger Mathematik-Vorlesungen wurden regelmäßig im *Bulletin of the American Mathematical Society* angekündigt. Richard Courant (1888–1972), der neben Hilbert seit 1922 einer der vier ordentlichen Professoren für Mathematik in Göttingen war, berichtete, dass es eine vergleichsweise große Gruppe von engagierten und motivierten Studenten gab, die sich ohne große Gedanken um spätere Berufstätigkeiten wissenschaftlichen und philosophischen Debatten widmeten und in engem Kontakt zu den Assistenten und Professoren standen. Als die Studentenzahlen weiter zunahmen, führte das – zuerst weitestgehend unbemerkt – zu einer gewissen Spaltung in der Studentenschaft, bei der sich eine Gruppe, die keinen direkten Kontakt zu den Professoren gewinnen konnte, zurückgesetzt fühlte. Das kam ans Licht, als „1933 plötzlich, und

zur großen Überraschung der Professoren und älteren Studenten, in vielen Vorlesungen und Seminaren und in den Universitätsgebäuden Studenten auftauchten – die man eigentlich nicht kannte –, die die Abzeichen der Nazi-Partei trugen".[10]
Tatsächlich war Göttingen eine der Städte, in denen sich die Nazis schon früh auch unter der Studentenschaft bemerkbar machten. Schon vor der Machtübernahme zogen SA-Horden durch die Straßen und skandierten antisemitische Parolen. Im Juni 1931 wurde das Haus von Bernays' Doktorvater Edmund Landau – der als einziger der jüdischen Mathematiker in Göttingen auch Mitglied der Synagogengemeinde war – mit rotem Galgen und Schwertern beschmiert. In einem antisemitischen Pamphlet mit dem Titel „Der jüdische Einfluß auf den Deutschen Hohen Schulen", das 1928 in Göttingen gedruckt wurde, wird Paul Bernays auf Seite 7 genannt.
Es ist zwar unwahrscheinlich, dass dieses Heft eine besondere Verbreitung gefunden hat, und es dürfte Bernays nie bekannt geworden sein. Doch die bedrohliche Atmosphäre war spürbar. 1930, bei seiner Rückkehr aus Zürich, sprach es Hermann Weyl bei der Begrüßung in der Göttinger Mathematischen Gesellschaft aus: „Nur mit einiger Beklemmung finde ich mich aus ihrer [= der traditionell demokratischen Schweiz] freieren und entspannteren Atmosphäre

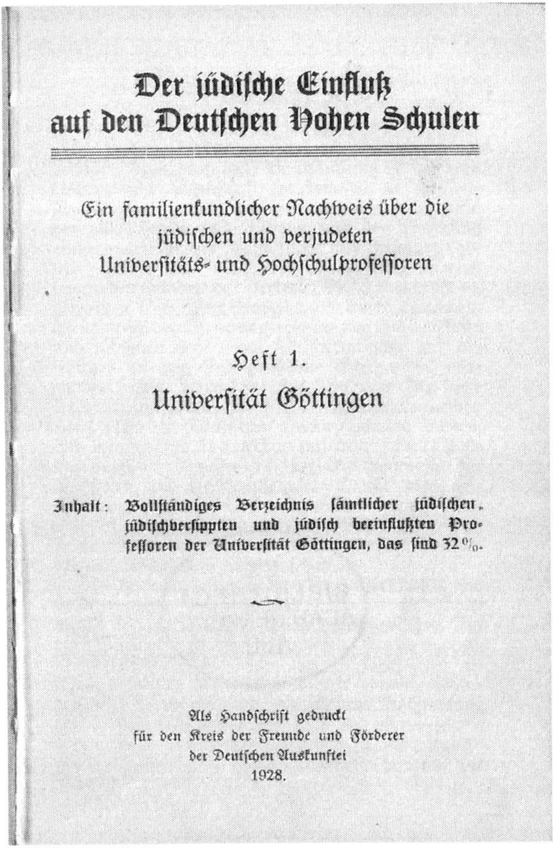

Der jüdische Einfluß auf den Deutschen Hohen Schulen

Ein familienkundlicher Nachweis über die
jüdischen und verjudeten
Universitäts- und Hochschulprofessoren

Heft 1.

Universität Göttingen

Inhalt: **Vollständiges Verzeichnis sämtlicher jüdischen, jüdischversippten und jüdisch beeinflußten Professoren der Universität Göttingen, das sind 32 %.**

Als Handschrift gedruckt
für den Kreis der Freunde und Förderer
der Deutschen Auskunftei
1928.

Abb. 9: „Der jüdische Einfluss auf den Deutschen Hohen Schulen“, Göttingen 1928

zurück in das gähnende, umdüsterte und verkrampfte Deutschland der Gegenwart."[11] Es gibt keine Hinweise darauf, wie Bernays diese Atmosphäre empfunden hat, ob er selber je persönlich angegriffen wurde oder ob er vor 1933 antisemitischen Schikanen ausgesetzt war.
Mit der Machtübernahme Hitlers am 30. Januar 1933 wurde es für Bernays und seine jüdischen Kollegen in Göttingen ernst. Aus Protest gegen das am 7. April 1933 erlassene „Gesetz zur Wiederherstellung des Berufsbeamtentums", das die „Entfernung aller Juden aus Staatsstellungen" vorsah, trat der jüdische Göttinger Physiker und Nobelpreisträger James Franck am 17. April von seiner Professur zurück. Das nahm der preußische Kultusminister und spätere „Reichsminister für Wissenschaft, Erziehung und Volksbildung" Bernhard Rust zum Anlass, zu einem umfassenden Schlag gegen die Göttinger Universität, insbesondere die Mathematik, auszuholen. Am 25. April wurde ein Telegramm an die Universität Göttingen geschickt, nach dem die Professoren Richard Honig (1890–1981; Jurist), Richard Courant, Max Born (1882–1870), Emmy Noether (1882–1935), Felix Bernstein (1878–1956; Mathematiker) und Curt Werner Bondy (1894–1972; Psychologe) sofort zu beurlauben seien. Am 28. April „empfahl" der Dekan der mathematisch-naturwissenschaftlichen Fakultät zudem,

dass Edmund Landau seine Vorlesungen aufschieben sollte und dass die Privatdozenten Paul Bernays, Paul Hertz (1881–1940; Physiker, der auch zur formalen Logik gearbeitet hatte), Kurt Hohenemser (1906–2001; Physiker), Hans Lewy (1904–1988) sowie Otto Neugebauer (1899–1990; Mathematiker) „bis zur endgültigen Entscheidung ihrer Rechtslage ihre venia legendi nicht ausüben“ sollten.
Im August 1933 wurde Bernays offiziell von seiner Stelle als Assistent am Mathematischen Institut entbunden, und einen Monat später wurde ihm vom Bildungsminister die Lehrerlaubnis entzogen. Bevor er nach Zürich zog, bot Hilbert ihm an, „als Andenken an die mir so treu und gewissenhaft durch 16 Jahre geleistete wissenschaftliche Hülfe ein Buch aus meiner Bibliothek aus[zu]suchen“. Auf der Feier zu seinem 80. Geburtstag erzählte Bernays, dass ihm Hilbert gesagt habe: „Sie werden sich schon irgendwie durchmogeln“ – und so wäre es ja dann auch gekommen.[12]
Im Herbst 1933 ging Bernays zuerst zurück zu seiner Familie nach Berlin. Im Frühjahr 1934 zog er mit seiner Mutter, seinen Schwestern Martha und Louise und seiner Tante Dörre nach Zürich – ein Schritt, der ihnen als Schweizer Bürger problemlos möglich war. Martha Bernays hatte in Berlin eine führende Beamtenstelle im Wohlfahrtsamt des Stadtbezirkes Charlot-

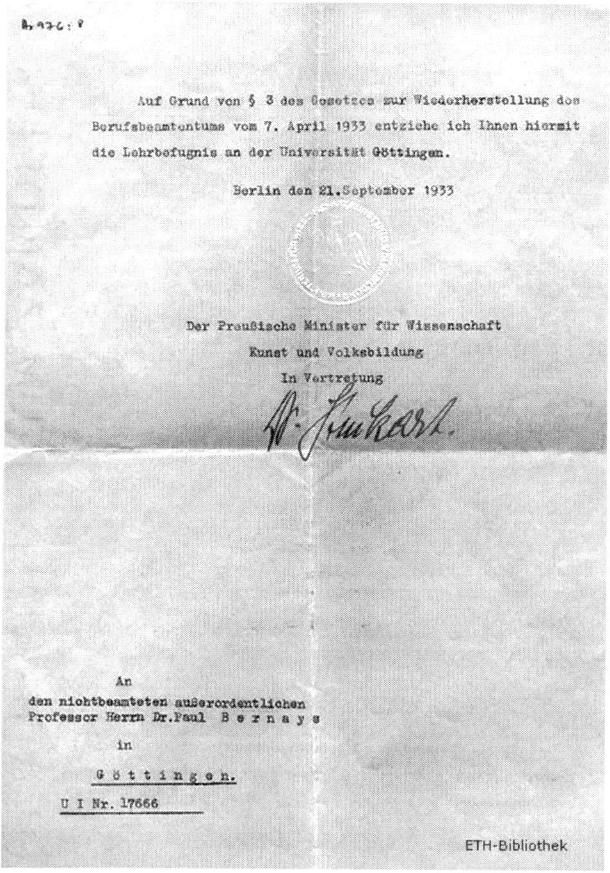

A.976:8

Auf Grund von § 3 des Gesetzes zur Wiederherstellung des Berufsbeamtentums vom 7. April 1933 entziehe ich Ihnen hiermit die Lehrbefugnis an der Universität Göttingen.

Berlin den 21. September 1933

Der Preußische Minister für Wissenschaft
Kunst und Volksbildung
In Vertretung

An
den nichtbeamteten außerordentlichen
Professor Herrn Dr. Paul B e r n a y s
in
G ö t t i n g e n.

U I Nr. 17666

ETH-Bibliothek

Abb. 10: Entzug der Lehrbefugnis 1933

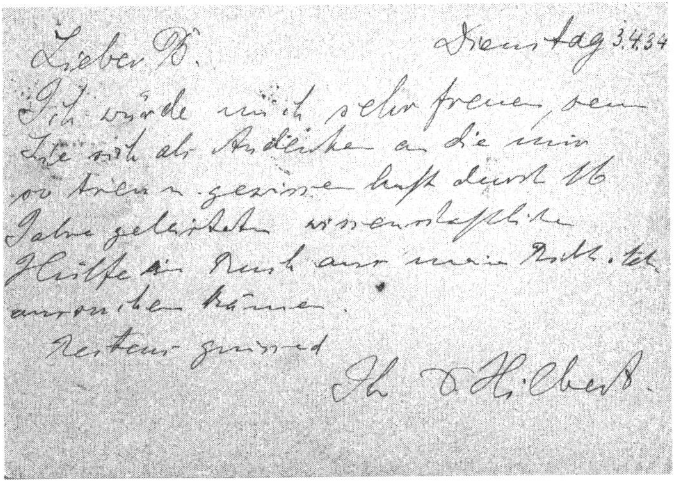

Lieber B.! Dienstag 3.4.34

Ich würde mich sehr freuen, wenn Sie sich als Andenken an die mir so treuen gewissenhaft durch 16 Jahre geleisteten unerläßliche Hülfe ein Buch aus meiner Bibliothek aussuchen könnten.

Herzlich grüssend

Ihr D. Hilbert.

Abb. 11: Postkarte von Hilbert an Bernays vom 3. April 1934

tenburg inne. In Zürich angekommen, fand sie sofort eine neue Anstellung im sozialen Bereich, so dass für die Familie keine größeren finanziellen Probleme entstanden.

Für Paul Bernays dagegen war die berufliche Situation deutlich schwieriger. Die regulären Stellen in der Mathematik waren an beiden Zürcher Hochschulen, der Universität Zürich und der Eidgenössischen Technischen Hochschule (ETH), besetzt, die Studentenzahlen zudem rückläufig. Sein Freund Georg Polya, der als ordentlicher Professor an der

ETH lehrte, verschaffte ihm dort für das Sommersemester 1934 einen Lehrauftrag, was allerdings nur gelang, weil Bernays die Schweizer Staatsbürgerschaft besaß. Auch im Sommersemester 1935 bekam er einen Lehrauftrag an der ETH, diesmal unter Mithilfe von Richard Bär (1892–1940). Bär gehörte einer bekannten Schweizer Bankiersfamilie an, hatte aber Mathematik und Physik studiert – er war 1916, also unmittelbar vor Bernays, kurzzeitig Assistent von David Hilbert gewesen – und unterrichtete nun als Titularprofessor Physik an der Universität Zürich. Er hatte sich auch in anderen Fällen für die Unterstützung geflüchteter deutsch-jüdischer Wissenschaftler eingesetzt.

Für das akademische Jahr 1935/36 wurde Bernays auf Initiative von Weyl und Polya an das neu gegründete Institute for Advanced Study (IAS) nach Princeton eingeladen, das vor allem durch die Anwesenheit von Albert Einstein von Beginn an Weltruf genoss. Für die Reise nach Amerika buchte Bernays eine Schiffsreise von Bremerhaven aus. Damit musste er natürlich durch Deutschland reisen, was zu dieser Zeit, insbesondere für ihn als Schweizer, noch gefahrlos möglich war. Diese Reise nutzte er auch für einen Besuch Göttingens. Leider wissen wir nicht, wen er dabei persönlich getroffen hat, welche Eindrücke er machte und wie man ihm begegnete. Von

der Mathematikerin Emmy Noether, die zusammen mit Bernays in Göttingen entlassen worden war und die in die USA übersiedelte, weiß man, dass ihr bei einem Besuch in Göttingen nach ihrer Entlassung der Zugang zur Bibliothek am Mathematischen Institut verwehrt worden war. Bernays hat auch noch 1936, nach seiner Reise in die USA, seinen Schüler Arnold Schmidt in Marburg besucht und nahm im September an einer kleinen „naturphilosophischen Tagung“ in Heidelberg teil, die von der ihm aus dem Nelson-Umfeld bekannten Physikerin Grete Hermann organisiert worden war.
Die Überfahrt nach Amerika war aus logikgeschichtlicher Sicht von Bedeutung, weil neben Bernays auch der Logiker Kurt Gödel (1906–1978), aus Wien kommend, mit dem gleichen Ziel – Princeton – an Bord des Schiffes war. Gödel hatte kurz zuvor in einer viel beachteten Arbeit bewiesen, dass Hilberts grundlagentheoretische Ideen, an deren Ausarbeitung Bernays maßgeblich beteiligt war, in der ursprünglichen Intention nicht umgesetzt werden konnten. Auf der langen Seereise haben Bernays und Gödel bereits persönlich die neue Situation in der mathematischen Grundlagenforschung besprochen. Bei einem äußerlich distanzierten Verhältnis zwischen den im Alter fast zwanzig Jahre auseinanderliegenden Männern kann man freilich dem bis kurz vor ihrem Ableben

fortgesetzten Briefwechsel entnehmen, dass sie sich gegenseitig sehr respektiert und geschätzt haben.
Zurück in Zürich erhielt Bernays ab dem Wintersemester 1936/37 (zunächst semesterweise) Lehraufträge an der ETH, zudem noch mit einer Unterbrechung im akademischen Jahr 1937/38. Zu Beginn des Wintersemesters 1939/40 habilitierte er sich an der ETH auf dem Gebiet der Mathematik, „insbesondere der mathematischen Logik und Grundlagenforschung“. Dies war seine dritte Habilitation, mit der er offiziell Privatdozent an der ETH wurde. Jetzt bekam er auch einen Vierjahresvertrag für je einen Lehrauftrag pro Semester. Dieser Vertrag wurde 1943 um weitere vier Jahre verlängert.
Es ist kaum zu beurteilen, wie schwierig diese Zeit befristeter Beschäftigungen für Paul Bernays war. Es gibt allerdings Dokumente, aus denen hervorgeht, dass sich befreundete Kollegen aus dem wissenschaftlichen Umfeld um finanzielle Hilfe für Bernays bemühten. So zahlte ihm zum Beispiel Hermann Weyl 1940 den Betrag von 200 Schweizer Franken aus dem vom Institute for Advanced Study in Princeton verwalteten „German Mathematicians Relief Fund“ aus.
Es wurde schon berichtet, dass sich die Familie aufgrund der gesicherten Anstellung seiner Schwester Martha in keiner unmittelbaren finanziellen Notlage befand. In welchem Umfang die Familie Besitz aus

Berlin mitnehmen konnte und ob die wohlhabenden, jetzt in den USA lebenden Verwandten aus der Familie seines Großonkels Lewisohn die Familie Bernays zusätzlich unterstützten, entzieht sich unserer Kenntnis. Jedenfalls hat Bernays diese Verwandten auf seiner Reise in die USA in New York besucht.

Ohne Zweifel war Bernays' berufliche Situation unbefriedigend. Bereits in der Göttinger Zeit schien er nicht für eine Mathematikprofessur an einer deutschen Universität vorgesehen gewesen zu sein – im Gegensatz zu vielen anderen von Hilberts Schülern. Zu einem gewissen Zeitpunkt hatte Hilbert ein Empfehlungsschreiben für Bernays an die Universität Kairo in Ägypten verfasst. Ob dahinter eine ernsthafte Bewerbung stand, bleibt unklar, offensichtlich wurde daraus nichts. Aus Briefen in Bernays' Nachlass geht hervor, dass er, in Zürich angekommen, ernsthaft in Erwägung gezogen hat, eine Professur in Quito, Ecuador, anzunehmen. Die Stelle ging schließlich an Peter Thullen (1907–1996), einem ebenfalls aus Deutschland emigrierenden Mathematiker, der bei Heinrich Behnke (1898–1979) in Münster gewirkt hatte.

Wissenschaftlich konnte Bernays in der Anfangszeit in Zürich sogar von der unfreiwillig gewonnenen freien Zeit profitieren und widmete sich mit Nachdruck der Fertigstellung des zweiten Bandes der „Grundlagen der Mathematik". Dafür hielt er sich unter anderem

mehrfach auf dem Zugerberg auf. Bernays war gerne in den Bergen zum Wandern, und auf dem Zugerberg konnte er zugleich ungestört schreiben. Der Band erschien 1939 im Springer-Verlag in Deutschland.
Es ist bemerkenswert, dass Bernays als Jude zu diesem Zeitpunkt noch in einem deutschen Verlag veröffentlichen konnte. Der Grund mag derselbe gewesen sein, der für den inzwischen in die USA emigrierten Courant belegt ist: Der Hamburger Mathematiker Erich Hecke (1887–1947) hatte beim Springer-Verlag, in dem auch das Buch von Hilbert und Bernays erschien, gefragt, warum von einem von Courant und Hilbert herausgegebenen Buch der zweite, nicht aber der erste Band verkauft werden dürfte. Die Antwort hing als Dokument des Ungeistes der NS-Zeit gerahmt in seinem Dienstzimmer: „der 1te Band erschien 1930, der 2te 1937; 1930 war Courant deutscher Jude, 1937 aber Amerikaner!" Heckes be-klommener Kommentar gegenüber Horst Tietz (1921–2012), der, nachdem er als Jude von der Universität exmatrikuliert worden war, bei ihm Vorlesungen „schwarzgehört" hatte: „Daß Unmenschlichkeit mit soviel Dummheit gepaart ist, stimmt doch auf gefährliche Weise fast versöhnlich!"[13]
Solange es die postalische Situation zuließ, hielt Bernays von der Schweiz aus den Kontakt zu seinen Kollegen und Schülern aus der Göttinger Zeit aufrecht.

Dabei wirkt es im Nachhinein befremdlich, wie zum Beispiel seine ehemaligen Schüler Kurt Schütte (1909–1989) und Gerhard Gentzen (1909–1945) Bernays ganz naiv mitteilten, dass sie auf Anraten irgendwelcher Personen in die SA eingetreten seien. Insgesamt war der Briefwechsel aber von fachlichen Fragen beherrscht und selbst in Briefen von Bernays an Familienangehörige finden sich praktisch keine Kommentare zur persönlichen oder weltpolitischen Situation. Mit Kriegsbeginn wurde der Briefverkehr von Deutschland aus zunehmend kontrolliert und schließlich praktisch ganz unterbunden.

Professor in Zürich

Nach dem Kriegsende in Europa wurde man sich an der ETH in Zürich der schwierigen Situation von Paul Bernays bewusst. Am 5. Juli 1945 schrieb der Mathematiker Heinz Hopf (1894–1971) an den ETH-Präsidenten Rohn und erklärte, dass sich der als Privatdozent tätige Paul Bernays in einer sehr unangenehmen finanziellen Lage befände. Bernays lebte in ärmlichen Verhältnissen. Hopf bemerkte, dass die jedes Semester vorzunehmende Erteilung eines Lehrauftrags einem Gelehrten, selbst wenn er noch so bescheiden wäre, kaum die nötigen Grundlagen zu erfolgreicher wissenschaftlicher Arbeit böte. Er stellte das Gesuch, Paul Bernays zum außerordentlichen Professor zu ernennen, um die soziale Stellung von Prof. Bernays durch die Wahl zum Extraordinarius der ETH zu heben und dadurch nicht zuletzt sein Selbstvertrauen zu stärken. Entsprechend der sehr schwierigen finanziellen Lage seien auch Bernays' Gemütszustand und seine Arbeitsfähigkeit beeinträchtigt. Das Gesuch war erfolgreich, und Bernays wurde auf den 1. Oktober 1945 zum außerordentlichen Professor für höhere Mathematik mit halber Unterrichtsbelastung ernannt. Damit hatte er, kurz vor seinem 57. Geburtstag, zum ersten Mal eine gesicherte Anstellung inne, für die er zwar nur ein spärliches Gehalt erhielt, das ihm aber zumindest eine Existenzgrundlage verschaffte. Es gibt eine kleine Anekdote von Bernays, wie er selbst zum Erfolg des Gesuchs, das ganz wesentlich von der persönlichen Entscheidung des ETH-Präsidenten Rohn abhing, beigetragen haben soll: Bernays war vorher zu einem der Vorträge Rohns gegangen und hatte ihn dann am Schluss seiner Antrittsvorlesung als Privatdozent demonstrativ zitiert.

Abb. 12: Mario Dolcher, Paul Bernays,
Maria Pilar und Hugo Ribeiro vor dem ETH-Hauptgebäude
in Zürich in den 1940er Jahren

Derweil wurde die Göttinger Universität zum Wintersemester 1945/46 von den britischen Militärbehörden als erste in Deutschland wieder geöffnet. Diese verpflichteten die Universität darauf, den von den Nazis entlassenen Dozenten eine Rückkehr zu ermöglichen. Arnold Schmidt, der den brieflichen[14] Kontakt mit Bernays im Januar 1946 wieder aufgenommen hatte, schrieb ihm von einem Bericht der Göttinger Universitätszeitung über die nach 1933 aus politischen Gründen „ausgeschiedenen Hochschullehrer", worin vermerkt wäre: „Paul Bernays, a. pl. Prof. Math. O. Prof. in Zürich. Grundsätzlich zur Rückkehr nicht abgeneigt." Tatsächlich war Bernays der einzige, bei dem sich im zitierten Zeitungsausschnitt eine derartige positive Antwort fand. Es ist offensichtlich, dass ernsthafte Verhandlungen über eine Rückkehr, wenn sie überhaupt stattgefunden hatten, nicht zum Erfolg führten. In der Tat warnte ihn Arnold Schmidt auch in Hinblick auf die Situation im Nachkriegsdeutschland: „Ich wage es nicht so recht, Ihnen [zur Rückkehr] zu raten bei den hiesigen Lebensbedingungen (Essen, Wärme, Wohnung, Kleidung, sonstiger täglicher Bedarf), die aber für jemanden, der plötzlich in sie hineinkommt, offenbar einigermassen schockierend wirken."

Bernays ließ Arnold Schmidt schon seit 1946 Pakete mit Lebensmitteln und anderen in Deutschland fehlenden Alltagsgegenständen (z. B. Glühbirnen und Schnürsenkel) zukommen. Er unterstützte auch andere ehemalige Kollegen mit Geschenksendungen, wie z. B. Heinrich Behmann (1891–1970). Behmann hatte während des Ersten Weltkrieges bei Hilbert in Logik promoviert und anschließend in Göttingen gewirkt, bevor er 1938 außerordentlicher Professor in Halle wurde. Nach dem Krieg verlor er als ehemaliges NSDAP-Mitglied diese Stelle und zog nach Bremen. Tatsächlich hatte Bernays nach allem, was man weiß, keine Vorbehalte gegenüber möglicherweise „politisch belasteten" Kollegen. Im Gegenteil, so berichtete sein Neffe Ludwig Bernays: „Die hat er alle verteidigt."

Paul Bernays reiste bald nach dem Krieg wieder nach Deutschland, wohl zuerst für Ferien in den Schwarzwald, dann 1947 auch nach Göttingen und Münster, um die in Deutschland verbliebenen wissenschaftlichen Kollegen zu besuchen. In einem Brief an Hugo Ribeiro, einem portugiesischen Mathematiker, der während des Zweiten Weltkrieges in Zürich bei Bernays promoviert hatte, zeigte er sich schwer erschüttert über Münster, das im Gegensatz zu Göttingen im Bombenkrieg weitgehend zerstört worden war. Im Herbst 1949 reiste er auch zu einer der ersten Tagungen des Mathematischen Forschungsinstituts Oberwolfach im Schwarzwald, welche nach ihrem

Abb. 13: Irmgard Süß, Hans-Heinrich Ostmann, Paul Bernays, Gisbert Hasenjäger, Arnold Schmidt, Herbert von Kaven und Kurt Schütte am Mathematischen Forschungsinstitut Oberwolfach, 1949

offiziellen Titel unter seiner „geistigen Leitung" stattfand.

Das Forschungsinstitut erwarb sich schnell einen besonderen Ruf als Treffpunkt der internationalen Mathematikergemeinschaft und gehört noch heute zu den bedeutendsten mathematischen Instituten der Welt.

Die mathematische Logik, das Arbeitsgebiet von Paul Bernays, war nach dem Krieg am Mathematischen

Institut der Universität Göttingen bald nicht mehr vertreten. Dennoch reiste Bernays noch häufig in diese Stadt, vor allem um Mitglieder aus dem Freundeskreis um den 1927 verstorbenen Leonard Nelson zu besuchen. Gedanklich blieb er Göttingen wohl sein Leben lang verbunden. Sein Schüler Ernst Specker (1920–2011) berichtete einst, dass Bernays noch in Zürich von „Wir in Göttingen" sprach. Und als er in den USA einmal von Pittsburgh aus das IAS in Princeton besuchte, schrieb er seiner Schwester Martha, er „gedenke morgen wieder nach Göttingen zu fahren".[15]

Bernays' Stellung an der ETH verbesserte sich 1952 weiter, als er im Alter von 63 Jahren einen Ruf an die niederländische Reichsuniversität in Utrecht bekam. Dieser Ruf ging auf den Mathematiker Hans Freudenthal (1905–1990) zurück, der wie Bernays als Jude Deutschland in der Nazizeit hatte verlassen müssen, in den Niederlanden Unterschlupf gefunden hatte und nach dem Krieg Professor in Utrecht geworden war. Bernays fühlte sich durch den Ruf sehr geehrt, wollte ihn aber aufgrund seines fortgeschrittenen Alters nicht annehmen. Er verhandelte erfolgreich mit der ETH und seine „ausserordentliche Halbprofessur" wurde auf den 1. Oktober 1952 in eine „ausserordentliche Vollprofessur" umgewandelt, zudem erhielt er eine Assistentenstelle zugeteilt.

Bei den beiden Anstellungsschritten an der ETH 1945 und 1952 wurde vom ETH-Schulrat einerseits auf die große wissenschaftliche Autorität und das hohe internationale Ansehen von Bernays im Gebiet der Grundlagenforschung der Mathematik hingewiesen, andererseits auf den geringen Erfolg seiner Vorlesungen bei der Mehrzahl der Studierenden, da, wie es hieß, er sich nicht in die Denkungsart des Durchschnittsstudenten zu versetzen vermöge. Aber begabte Studenten schätzten den Wert seiner Vorlesungen sowie seiner Gespräche. Auch holten ETH-Professoren der Mathematik oft Rat bei ihm ein. Sein Schüler Erwin Engeler beschrieb es wie folgt: „Bernays war ein guter Lehrer im persönlichen Gespräch – und nur im persönlichen Gespräch."[16]

Während seiner Zeit als Professor an der ETH und auch kurz danach, reiste Paul Bernays noch mehrfach in die USA. Nachdem er schon 1935/36 am IAS in Princeton gewesen war, wurde er zwischen 1956 und 1965 drei Mal von seinem früheren Schüler Haskell Curry (1900–1982), der offiziell bei Hilbert in Göttingen promoviert hatte, tatsächlich aber von Bernays betreut worden war, als Gastprofessor an die University of Pennsylvania in Philadelphia eingeladen. Und 1959/60 wurde er auch ein zweites Mal nach Princeton an das IAS eingeladen. Diese Reisen in die USA nutzte er, um andere Bekannte und Freunde an verschiedenen amerikanischen Universitäten zu besuchen, und natürlich hielt er Gastvorlesungen und Vorträge. Aus seinen eigenen Zeugnissen wird deutlich, dass diese Aufenthalte für ihn sowohl aufregend als auch anregend und insgesamt ausgesprochen wertvoll waren.

Die späten Jahre

Paul Bernays wurde 1959 an der ETH emeritiert. Aus Anlass seines 70. Geburtstags erschien eine Festschrift, veröffentlicht in der von Bernays mitgegründeten Zeitschrift *Dialectica*, in welcher er von Weggefährten, Freunden und Schülern gewürdigt wurde. 1968 und 1970 gelang es ihm, eine zweite Auflage der beiden Bände der „Grundlagen der Mathematik" herauszubringen. Zwar hatte er von der Idee einer vollständigen Neubearbeitung Abstand nehmen müssen, doch zeugt die zweite Auflage davon, dass die Ergebnisse seines Opus magnum noch immer aktuell waren. Seine wissenschaftlichen Leistungen wurden zunehmend anerkannt. Schon 1952 war er auf Initiative von Thoralf Skolem (1887–1963) als auswärtiges Mitglied in die Norwegische Akademie der Wissenschaften aufgenommen worden. Auf Anregung seines Schülers Kurt Schütte wurde ihm 1976 – ein Jahr vor seinem Tod – die Ehrendoktorwürde der Ludwig-Maximilians-Universität in München verliehen.

Auch wenn die produktive Phase seiner Forschung hinter ihm lag, blieb er mit Kollegen und Schülern im Kontakt. Noch bis 1975 nahm er regelmäßig an den jährlichen Logik-Tagungen im Mathematischen Forschungsinstitut Oberwolfach teil, demjenigen Institut, dem er 1949 als einer der Ersten internationale

Präsenz verschaffte. An der ETH Zürich führte er noch lange nach seiner Emeritierung das sogenannte Montagsseminar fort. Er hatte es im Wintersemester 1954/55 zusammen mit seinem vormaligen Schüler und anschließenden Kollegen Ernst Specker als Seminar über Axiomatik und Logik begründet. Es wurde erst von Specker und später von Hans Läuchli weitergeführt und Paul Bernays nahm bis kurz vor seinem Tode regelmäßig daran teil. Das Seminar fand über dreißig Jahre lang immer montags von 17 bis 19 Uhr statt, selbst dann noch, als der Montagnachmittag offiziell für mathematische, naturwissenschaftliche und technische Lehrveranstaltungen gesperrt wurde, um ihn für den Besuch von geistes- und sozialwissenschaftlichen Lehrveranstaltungen freizuhalten. Georges Wick, ein Student von Ernst Specker, nahm seit 1964 über mehrere Jahre an diesem Seminar teil und berichtet: „Getragen wurde die Veranstaltung von den Professoren Specker, Läuchli und Bernays. Specker und Läuchli kamen meist in Pullover und Kordhose, Bernays mit Anzug und Krawatte. Ein gemischter Haufen war es, der sich da jede Woche im Hörsaal zusammenfand: Studenten, Assistenten, Doktoranden, Kurzzeitgäste und gelegentlich ein Professorenkollege. Professor Paul Bernays war als Emeritus bei dieser Veranstaltung der Ehrengast, der Grand-Seigneur und verständige Fürsprecher der

– manchmal arg geforderten – Studenten. Er hat die Fragen gestellt, die wir uns nicht zu stellen trauten. Als Ehrengast hatte er keine Präsenzpflicht. Mal fehlte er, mal kam er zu spät. Und immer dann verlangte er ein Resümee über das Verpasste. Oft ist bei uns erst dank dieser Nacherzählungen der Groschen gefallen. In meiner Erinnerung ist [Paul Bernays] nicht nur der große Logiker, sondern auch der liebenswürdige, bescheidene und unkomplizierte Mensch, der sich zum Beispiel darüber freuen konnte, mit einem alten, klapprigen VW-Käfer vom Flughafen Zürich Kloten abgeholt zu werden."[17]

Abb. 14: Paul Bernays, 1975

Markus Wietlisbach, ein weiterer Student von Ernst Specker, welcher das Montagsseminar ab 1972 über ein paar Jahre hinweg besuchte, fasst seine Erinnerungen daran in folgende Worte: „Neugierig und auch etwas aufgeregt habe ich das Logik ‚Montag-Seminar' im Wintersemester 1972/73 zum ersten Mal besucht. Von älteren Kollegen wusste man, dass dieses Seminar ‚etwas Spezielles' war. Immer kurz zu Beginn – alle anderen waren bereits da – kamen Ernst Specker und Paul Bernays. Sie setzten sich immer in die erste Reihe etwas am Rand. Anfangs kannte ich den älteren Herrn nicht. Ich hielt ihn für eine eher nebensächliche Bekanntschaft von Ernst Specker, da er sich in diesen ersten Sitzungen nie zu einem Diskussionspunkt äusserte. Nach einiger Zeit fragte ich einen älteren Kollegen, was es denn mit diesem älteren Herrn auf sich habe, warum er von seiner näheren Umgebung so respektvoll behandelt werde. Das sei Paul Bernays, der ehemalige Assistent und Mitarbeiter von David Hilbert, wurde mir beschieden, der Autor der ‚Grundlagen der Mathematik'. Damit wusste ich Bescheid, denn das Buch war mir in der Seminarbibliothek schon einige Male in die Hände gefallen. Ich schaute mir Paul Bernays näher an: ein kleines, schmächtiges Männchen, fast unscheinbar, könnte man sagen; mit schütterem Haar und einer schwachen, etwas zu hohen Stimme. Er sprach immer

Hochdeutsch. Über all die Jahre war er immer gleich gekleidet: grauer Anzug, der seine besten Tage hinter sich hatte, weisses Hemd und Krawatte – dies war ein interessanter Gegensatz zum immergleichen braunen Pullover von Ernst Specker. Sehr selten hat sich Paul Bernays zu Wort gemeldet. War ihm etwas nicht klar, so wandte er sich leise an seinen Nachbarn Ernst Specker; eine kurze, leise geführte Diskussion musste die Sache klären."[18]

Paul Bernays war im Allgemeinen nicht als besonders religiöser Mensch hervorgetreten. Er war weder in Göttingen noch in Zürich Mitglied der Synagogengemeinde. In einem Brief an seine Schwester, den er ihr aus den USA schickte, zeigte er sich allerdings positiv interessiert an der im Rahmen des Zweiten Vatikanischen Konzils eingeleiteten, freundlicheren Haltung der Katholischen Kirche gegenüber den Juden. Der Erinnerung seines Neffen Ludwig Bernays zufolge hatte er an jüdischen Feiertagen im Rahmen der Festtagsriten die Rolle des *pater familias* übernommen, jedoch nur solange seine Mutter lebte. Einige Jahre nach dem Tod seiner Mutter trat Bernays in die „Vereinigung für ein religiös-liberales Judentum" ein, welche 1956 als Sektion Schweiz der „World Union for Progressive Judaism" gegründet wurde. Die Zürcher Sektion der liberalen Vereinigung feierte 1969 einen ersten Familien-Gottesdienst im Großen Saal des Gemeindehauses der Israelitischen Cultusgemeinde Zürich, der traditionell-orthodox ausgerichteten jüdischen Einheitsgemeinde. Es liegen keine Hinweise vor, dass Bernays jemals an einem solchen Gottesdienst teilgenommen hat. Erst 1978 – nachdem Bernays bereits verstorben war – wurde auf der Grundlage der Vereinigung für ein religiös-liberales Judentum in Zürich die liberale Gemeinde „Or Chadasch" gegründet. Ob sich Paul Bernays dieser Gemeinde angeschlossen hätte, muss dahingestellt bleiben.

Über seine letzten Jahre berichtete Bernays, 88-jährig, in Briefen an Anita Feferman (1927–2015), der Frau von Bernays' amerikanischem Kollegen Solomon Feferman (1928–2016), die ihn über seine Einstellung zum und seine Erfahrung des hohen Alters befragt hatte.[19]

In einem ersten Brief antwortete Bernays zur Frage nach seinem allgemeinen Befinden, er habe in den letzten Jahren das Älterwerden in verschiedener Hinsicht gespürt, sein Gesundheitszustand sei sehr zerbrechlich geworden. Seit einigen Jahren hätten seine Seh- und Hörkraft spürbar nachgelassen. Er würde nun sehr langsam gehen und könne nur recht kurze Spaziergänge machen. Auch müsse er auf vieles verzichten, was er früher unternommen habe. Er müsse zugeben, dass er sich öfters und seit längerer Zeit unglücklich fühle, dass er keinen hinreichend starken Antrieb zur mathematischen Aktivität mehr habe. Und dass er diese Unzufriedenheit erst überwunden habe, als er auf die Möglichkeit einer Kombination seiner philosophischen Interessen mit jenen an der Mathematik gestoßen sei – eine Kombination, welche er schon in seiner Studienzeit gepflegt habe.

Im zweiten Brief ging Paul Bernays auf einige konkretere Fragen ein. Erfülle es jemanden mit Stolz, ein hohes Alter zu erreichen? Dazu bemerkte Bernays, dass ihm verschiedene Dinge erst in einem fortgeschrittenen Alter zuteilgeworden seien; so habe er z. B. erst im Alter von 57 Jahren eine offizielle Professur erhalten. Und zu seiner Vorstellung, wie lange er noch leben wolle, meinte er, er hoffe kein Alter zu erreichen, in welchem er nicht mehr klar bei Verstand sein würde. Auf die Frage nach seinen gegenwärtigen Interessen antwortete Bernays: Er sei natürlich an Entwicklungen der theoretischen Wissenschaft und der Philosophie interessiert, auch an Politik sowie an den Veränderungen seiner Stadt, an der schönen Natur, an Musik, an historischen Fragen und an Schachproblemen, nicht jedoch an Sport.

Das auch im hohen Alter nicht nachlassende Interesse an der Wissenschaft würdigte auch der Logiker Georg Kreisel (1923–2015). In einem Brief an Martha Bernays nach deren Bruder Pauls Tod verwies

er auf Paul Bernays' fruchtbares Schaffen in seinen letzten Lebensjahren und zwar in der oben erwähnten Kombination von philosophischen und logischen bzw. mathematischen Interessen: „Ich habe mehrere berühmte Logiker in deren 80-iger Jahren gekannt, u. a. Bertrand Russell, Brouwer. Sie waren enttäuschte Menschen, und zwar – so scheint es mir – weil sie sich ihr ganzes Leben nur für ihre eigenen Gedanken interessierten. Als dann ihre eigene Schöpfungskraft nachließ, standen sie leer da. Die Selbstlosigkeit Ihres Bruders bewahrte ihn vor dieser Leere. Im Gegenteil: manchmal schien es mir, daß er in den letzten 10 Jahren der logischen und philosophischen Welt etwas ganz Neues bieten konnte."[20]
Paul Bernays starb am 18. September 1977 in seinem 89. Lebensjahr. Er ist auf dem Friedhof Nordheim in Zürich begraben.

Das wissenschaftliche Werk von Paul Bernays

Paul Bernays hat seine mathematische Ausbildung 1912 in Göttingen mit einer zahlentheoretischen Promotion bei Edmund Landau abgeschlossen. Landau, ein Mathematiker, der wichtige Beiträge zur Zahlentheorie geleistet hat, adressierte Bernays einmal als seinen „zweitbesten Primzahlschüler" – als besten hatte er zweifelsohne Carl Ludwig Siegel im Sinn. Dennoch hat Bernays auf diesem Gebiet keine weitere Forschung betrieben, wenn man von seiner ansonsten isoliert gebliebenen ersten Zürcher Habilitationsschrift absieht. Wie im zweiten Kapitel berichtet, hatte er in Göttingen schon früh Kontakt zum philosophischen Kreis von Leonard Nelson aufgenommen. Die Philosophie begleitete ihn sein ganzes Leben lang und er publizierte philosophische Artikel, nicht nur zur Philosophie der Mathematik, sondern auch zur Erkenntnistheorie.
Es war Bernays' philosophische Kompetenz, die Hilbert bewog, ihn 1917 als Mitarbeiter nach Göttingen (zurück) zu holen. So wurde er in den 1920er und 1930er Jahren einer der Begründer der modernen mathematischen Logik, auch wenn sein Name im Schatten der Geschichte häufig nicht sichtbar ist. Während Hilbert öffentlichkeitswirksam ein revolutionäres Programm zur Neubegründung der

Mathematik propagierte, oblagen Bernays die Hauptaufgaben bei der Durchführung: 1. Er leistete einen guten Teil der formalen Arbeit, angefangen bei einem Vollständigkeitssatz der Aussagenlogik bis hin zum ersten ausgearbeiteten Beweis des zweiten Gödel'schen Unvollständigkeitssatzes. 2. Er steuerte eine solide philosophische Fundierung zu Hilberts Ideen bei. 3. Er war der de-facto-Betreuer der Logik-Doktoranden unter Hilbert, u. a. von Wilhelm Ackermann, Haskell Curry und Kurt Schütte, aber auch im Fall von Gerhard Gentzen, der formal unter Hermann Weyl promovierte, und der Hilberts Programm nach Gödels Entdeckungen eine neue Wendung zu geben vermochte. 4. Er arbeitete Logik-Vorlesungen von Hilbert aus, in denen viele formale Konzepte entwickelt wurden, die heute zu den Grundlagen der mathematischen Logik gehören.
In Bezug auf den letzten Punkt kam es zu einem historischen Missgeschick: Hilbert veröffentlichte die Ergebnisse dieser Logik-Vorlesungen in einem Lehrbuch. Aus dessen Vorwort geht zwar hervor, dass ein größerer Teil des mathematischen Gehalts dieses Buches auf Bernays zurückgeht – doch als Mitverfasser fungierte nicht Bernays, sondern Wilhelm Ackermann, sodass das erste Lehrbuch zur mathematischen Logik, die 1928 erschienenen „Grundzüge

Abb. 15: Titelseite des ersten Bandes der „Grundlagen der Mathematik" (1934) von Hilbert und Bernays

der theoretischen Logik", als „Hilbert-Ackermann" in die Geschichte einging.

Der Grund, dass nicht Bernays als Mitverfasser dieses Buches ausgewiesen wird, lag darin, dass er schon an einem anderen Projekt arbeitete, mit dem er schließlich berühmt werden sollte: In einer letztlich auf zwei Bände angewachsenen Monographie wurden die bis zum Ende der 1930er Jahre erreichten Resultate des Hilbert'schen Forschungsprogramms niedergelegt. Die „Grundlagen der Mathematik" sind als „Hilbert-Bernays" zu einem Standardwerk der Logik und einem Meisterwerk der Mathematik des 20. Jahrhunderts geworden.

Es ist vielfach kritisiert worden, dass Hilberts Name auf dem Titelblatt dieses Buches steht, zu dem er praktisch keinen Satz geschrieben hat. Dabei ist aber zu bedenken, dass immerhin die Konzeption des zugrundeliegenden Programms Hilbert zuzuschreiben ist. Vor allem dürfte es auch zum internationalen Erfolg des Buches beigetragen haben, dass der seinerzeit weltführende Mathematiker als Autor auftrat. Saunders Mac Lane (1909–2005), der zu Beginn der 1930er Jahre unter anfänglicher Betreuung von Bernays in Göttingen promovierte, beschrieb das Buch wie folgt: „Es basiert auf Ideen von Hilbert, in Worte gefaßt von Bernays."[21]

Inhaltlich finden sich in dem Buch die Früchte der wissenschaftlichen Arbeit von Bernays. Diese sind besonders in der technisch sauberen Ausarbeitung der zentralen Teile der neu entwickelten mathematischen Logik zu finden. Es ist sicher richtig, dass Kurt Gödel mit seinen Unvollständigkeitssätzen oder Alan Turing mit der Konzeption der Turing-Maschine Resultate und Definitionen vorgelegt haben, die weit größere Berühmtheit erlangten als diejenigen Bernays'. Doch die Arbeiten dieser beiden Logiker bauten unmittelbar auf dem auf, was Bernays als Grundlagen zur Verfügung gestellt hatte.

Nach Abschluss des Buches mit Hilbert, das die Beweistheorie behandelt, wandte sich Bernays der Mengenlehre zu, wo er erneut bahnbrechende Arbeit leistete. Zermelo hatte Anfang des 20. Jahrhunderts die Cantor'sche Mengenlehre axiomatisiert und nach Verbesserungen durch Fraenkel (und ebenso Skolem) ist die Zermelo-Fraenkel-Mengenlehre heute die allgemein anerkannte Grundlagentheorie der Mathematik. Doch schon in den 1920er Jahren hatte der später für seine Arbeiten zum Computer berühmt gewordene Johann (John) von Neumann (1903–1957) eine ungewöhnliche, alternative Formulierung vorgeschlagen, die vom Begriff der Funktion ausging. Es war Bernays, der dieser Mengenlehre eine axiomatische Form gab, die sie für Mathematiker leichter zu handhaben machte und gewisse Vorteile gegenüber der Zermelo-Fraenkel'schen Mengenlehre zur Geltung brachte. Gödel benutzte eine von ihm vereinfachte Fassung der Bernays'schen Axiomatisierung für seine Untersuchung zur Unabhängigkeit der Kontinuumshypothese, nachdem er dafür Bernays „um Erlaubnis gefragt“ hatte und ihn als Quelle auch vermerkte. Dennoch wurden diese Axiome zuweilen Gödel zugeschrieben. Nach leisem Protest von Seiten Bernays’, ist diese Mengenlehre heute allgemein als N[eumann] B[ernays]G[ödel] bekannt.

Bernays leistete, neben den grundlegenden Arbeiten zur Beweistheorie und zur Mengenlehre, auch viele „kleinere“ technische Beiträge, bei denen seine Rolle häufig nicht deutlich wahrgenommen wurde. Zum Beispiel isolierte er formal zwei Spezialfälle des Auswahlaxioms von Zermelo, nämlich dessen „abzählbare“ und „abhängige“ Varianten: „countable choice“ und „dependent choice“. Mit diesen Spezialfällen lassen sich retrospektiv die Polemiken, die sich an der Verwendung des Auswahlaxioms am Anfang des 20. Jahrhunderts entzündet hatten, philosophisch beilegen. Ein anderes Beispiel ist die Unterscheidung von „call-by-value“- und „call-by-name“-Reduktionsstrategien, welche heute in der Informatik – genauer: in der funktionalen Programmierung – eine fundamentale Rolle spielen. Diese Unterscheidung wurde von Bernays en passant in einer Rezension eingeführt. Es darf als eine Charakteristik von Bernays’ Persönlichkeit betrachtet werden, dass er kein besonderes Aufheben um seine Resultate machte. Besonders nach Ende des Zweiten Weltkrieges veröffentlichte er viele Arbeiten in obskuren, wenig verbreiteten

Zeitschriften und auch häufig auf Deutsch, selbst als bereits absehbar war, dass sich nur noch auf Englisch die gesamte wissenschaftliche Gemeinschaft erreichen ließ.
Dies trifft in besonderem Maße auf seine späteren erkenntnistheoretischen Arbeiten zu, mit denen er bis zuletzt seinen philosophischen Interessen treu blieb, welche sich aus der Zusammenarbeit mit Leonard Nelson ergeben hatten. In der Philosophie hatte er nach seiner Ankunft in Zürich mit Ferdinand Gonseth (1890–1975) einen Kollegen gefunden, der ihm geistesverwandt war. Gegen Ende seines Lebens konnte er noch eine Aufsatzsammlung „Abhandlungen zur Philosophie der Mathematik“ (1976) herausgeben. Eine Sammlung seiner Abhandlungen zur Erkenntnistheorie hat er ebenso wenig realisiert wie eine geplante Monographie zur Philosophie der Mathematik.

Annäherungen an Paul Bernays' Persönlichkeit – Zeugnisse von Freunden und Familie

Von jenen, die Paul Bernays noch persönlich gekannt haben, wird seine bescheidene, freundliche und hilfsbereite Persönlichkeit hervorgehoben. Solche Eigenschaften lassen sich vor allem aus der persönlichen Erfahrung begründen. Daher mögen hier zum Abschluss noch eine Reihe von Zeugnissen wiedergegeben werden, in welchen Freunde, Bekannte und Familienangehörige von Paul Bernays ihre persönlichen Eindrücke dokumentieren. Dabei werden zuerst kollegial-freundschaftliche, dann familiär-freundschaftliche und schließlich familiäre Zeugnisse präsentiert.

Erwin Engeler

Erwin Engeler war Paul Bernays' letzter Doktorand an der ETH Zürich, Jahre später sein Kollege am Departement für Mathematik und mit ihm befreundet. Engelers Charakterisierung streift immer wieder die berufliche Seite von Paul Bernays, dessen berufliche Stärken, dessen tiefe ethische Einstellung als Wissenschaftler, aber auch weit über den wissenschaftlichen Bereich hinaus, sowie dessen Ethos im Ringen um Lösungen zu grundlegenden mathematischen Problemen.

„Ich sehe ihn vor mir zu jener Zeit, an seinem Arbeitstisch, dem Zentrum seines Schaffens, mitten im Zimmer, mit Blick aufs Fenster, der Tisch beladen mit Manuskripten und Korrespondenz mit Briefmarken aus aller Welt. Eine Gelehrtenstube, die Ambienz geprägt von tiefem wissenschaftlichem Ernst und menschlicher Zuneigung. Schräg vor dem Tisch ein Stuhl für Besucher.

Bernays war bekannt dafür, dass er bei Vorträgen, in Rezensionen, in Korrespondenz gezielt einen Punkt, den neuralgischen Punkt, nachfragte. Bekannt, aber nicht berüchtigt. Es geht ihm um den kreativen Kern des betreffenden Resultates oder Arbeit. Und darum, wie er zu verschärfen sei und was er im Gesamtzusammenhang bedeute.

Natürlich haben mir die umfassende mathematische Bildung und die technische Beherrschung und Sorgfältigkeit von Bernays imponiert. Aber über die Jahre eigentlich bewegt hat mich sein ethisches Bewusstsein.

Zwei Komponenten: Der Wille zum gerechten Urteil über Menschen und der Wille zur sachgerechten Beurteilung mathematischer Forschungsarbeit.

Erstens beim Menschen: Bernays masste sich, unbeirrbar, keine abschließende negative Beurteilung irgendeines menschlichen Wesens an. Seine Aufgabe sah er vielmehr in der selbstlosen Zuwendung zu den

Bedrückten. Die Zeitläufe eigneten sich leider dafür sehr, zum Beispiel für Alexander Wittenberg und Hersz Wermus, beide mit knapper Not in die Schweiz geflüchtet.

Zweitens, zur Ethik der Forschung: Es ist den Heutigen schwer nachvollziehbar, wie die Entdeckung der bekannten Paradoxien eigentliche Grenzerfahrungen waren, und wie die Überwindung dieser Grenzen für die Besten der Mathematiker zum Bedürfnis wurde. Das Dilemma der Grundlagenforschung stellte sich immer deutlicher heraus als die Diskrepanz zwischen der Strenge der formal-mathematischen Abstraktion und der evolutionären Beschränktheit unserer Anschauung.

Zu Bernays Studienzeit gab es ein Musterbeispiel: Paradox war, dass man eine Quadratfläche eins zu eins, sogar stetig, auf ein Geradenstück abbilden konnte; wo blieb da die Anschauung der Dimensionalität?

Noch andere Ismen entstanden. Doch davon nur soviel, dass Bernays von diesen wie auch allgemein von Ideologisierungen gar nichts hielt. Nicht nur in der Logik, sondern aus denselben ethischen Grundsätzen auch nicht von Ideologien, die auf die Herkunft aus Rasse, Religion, Sozialklasse u.s.w. gründen. Diese haben sich immer wieder ethisch disqualifiziert, manchmal auf schrecklichste Weise.

Kehren wir wieder zurück an die Bodmerstrasse, als ETH-Kollege nun und zu neuen Gesprächen. Da gäbe es viel zu erzählen. Doch gehen wir hinüber in die nächste Stube, wo Martha Bernays, seine Schwester, den Tee und Gebäck bereithält. Sie ist ein ausserordentlicher Mensch wie ihr Bruder.
Wohl noch ein wenig lebenstüchtiger, besorgt um seine Gesundheit. Sie kennt seine liebenswürdigen Schwächen und tadelt ihn wohl auch einmal, wie wenig er sich gewehrt habe gegenüber Zurückstellungen und Ausnützung durch seine Kollegen in Göttingen und Zürich. Er winkte jedes Mal sanft ab.
Spät in seinem Leben besuchte ich Bernays in seinem Schlafzimmer, sonnig und ruhig gegen den Hof. Es ging zu Ende und ich fragte ihn, wie er sich das Unendliche vorstelle. ‚Wie ein Abgrund' sagte einst Cantor, der Begründer der Mengenlehre als Lehre vom Unendlichen. – Er ist wohl auch schliesslich hinabgeglitten. Anders Bernays: ‚Wie eine Klaviatur, nach beiden Seiten fortgesetzt', ein menschenfreundliches, musikalisches Bild."[22]

Max Zweig

Der Schriftsteller Max Zweig (1892–1992) war ein Cousin zweiten Grades von Stefan Zweig, hatte anders als dieser aber nur mäßigen literarischen Erfolg. Er war jahrelang mit Martha und Paul Bernays befreundet, mit Martha noch mehr als mit Paul. Max Zweig beobachtet, beschreibt wesentliche Charakterzüge von Paul Bernays, welche er im Laufe einer längeren Freundschaft mit ihm und seiner Familie kennenlernte, Charakterzüge wie eine ausgeprägte Strenge gegen sich selbst gepaart mit einer ausgesprochenen Milde und Toleranz gegenüber anderen; eine starke musische, musikalische wie auch kindliche Seite; und schließlich Widersprüche in seinem Charakter, welche Zweig allerdings allen Menschen attestiert. Die folgenden Erinnerungen stammen aus einer Rede, welche Max Zweig bei Paul Bernays' Beerdigung gehalten hat.[23]

„Wenn ich aufgefordert würde, das Wesen Paul Bernays' kurz zu umreissen, würde ich ihn zunächst einen Menschen von Adel nennen. Von geistigem und sittlichem Adel; in der Tat war es kein anderer als dieser, der von den Juden durch Jahrtausende anerkannt und gerühmt wurde, und Paul Bernays entstammte zwei alten Familien, welche eine beträchtliche Anzahl geistig bedeutender und schöpferischer Menschen hervorgebracht haben. Es ist dies kein Adel, der für sich eine Fülle von Rechten, Bevorzugungen und Privilegien beansprucht; er erblickt vielmehr seinen Wert und seine Würde darin, dass er an sich selbst die Forderung nach strengster Zucht und Gewissenhaftigkeit stellt und den Mitmenschen gegenüber nur

Verantwortung, Pflichten und Dienste kennt. Ohne diese unerbittliche Zucht würde Paul Bernays nicht fähig gewesen sein, seine Lebensarbeit zu tun. Dass er ein Gehirn besass, welches ruhelos arbeitete und nahezu unausgesetzt Gedanken erzeugte, selbst wenn dessen Eigentümer sich scheinbar mit ganz anderen Dingen beschäftigte, war nicht sein Verdienst; es war eine eingeborene Begabung, ein mitgebrachtes Geschenk, vielleicht auch ein unentrinnbares Geschick; es geschah tausende und abertausende Male, dass er inmitten eines Gesprächs einen jener Zettel, die er immer bei sich trug, hervorzog und einen mathematischen Einfall notierte, der ihm während des ganz andersartigen Gesprächs gekommen war. Dass er aber die Unzahl der ihm innewohnenden Ideen nicht willkürlich schweifen, verflattern und sich auflösen liess, sondern sie mit härtestem Willen und in unendlicher Mühsal in Form und Gestalt zwang, war ein sittlicher Akt, der sich tagtäglich wiederholte; wer den langen beschwerlichen Weg kannte, den seine Vorstellungen vom Gehirn bis zu ihrer endgültigen Fixierung auf dem Papier zurücklegten, konnte sich einer staunenden Bewunderung nicht erwehren: denn Paul Bernays war imstande, einen langen Satz auch zehnmal niederzuschreiben, auszustreichen, umzugiessen, neu zu formen, wenn es ihm schien, dass ein einziges Wort in ihm nicht der eindeutige, unwidersprechbare

Ausdruck dessen war, was auszudrücken er beabsichtigt hatte. So streng er gegen sich war, so milde war er gegen andere. Nicht etwa, dass er für Mängel und Fehler blind gewesen wäre; aber er versagte es sich, zu richten. In den vielen Jahren unserer Freundschaft habe ich von ihm nie ein Wort gehört, mit dem er einen Menschen, eine Handlung oder Haltung oder Arbeit missbilligt, verurteilt oder verworfen hätte; wo er nicht anerkennen oder loben konnte, zog er es vor, zu schweigen. Sein Verhältnis zu den Mitmenschen war nicht eigentlich eine heftige Anteilnahme oder ein intensives Mitgefühl; das Adelige in ihm gestattete wohl keine restlose Identifizierung mit dem anderen und erforderte eine gewisse Distanz, gerade weil er im anderen das gleichberechtigte, vollgültige Individuum erkannte. Seine soziale Haltung war eine warme, nie versagende, nahezu vollendete Höflichkeit, eine Höflichkeit, welche keine Konvention und nichts Angelerntes oder Nachgeahmtes war, sondern unmittelbar aus dem Herzen kam und von der Anmut dieses Herzens zeugte. Diesem Zauber seines Wesens vermochte sich kaum jemand zu entziehen; ich glaube, dass er ein Mensch war, der im ganzen Leben keinen Feind besass, aber die höchste Zuneigung und Verehrung seiner Angehörigen, Freunde, Kollegen, Mitarbeiter und Schüler, deren einige ihm eine immerwährende, liebevolle Treue bewahrten.

Zu den eigenartigsten Reizen seiner Individualität gehörte es, dass sich sein hoher Geist mit einem völlig kindlichen Gemüte paarte, was nicht sonderlich verwunderlich ist, da eines der ihn stark formenden Elemente seiner reichen Psyche das Musische war, das vom Kindlichen nie ganz abzutrennen ist. Er liebte die Musik über alles und seine unzähligen am Klavier verbrachten Stunden gehörten wohl zu seinen beglücktesten. Das Kind in ihm wollte spielen, Ernstes und Heiteres, Schachaufgaben lösen, Eisenbahnfahrpläne studieren, gesellig und unbeschwert sein; vor allem aber sehnte es sich nach Schutz und Wärme, Sicherheit und Geborgenheit, und es war ein hoher Segen für ihn, dass er all dies bei seiner Schwester fand, mit der er nach dem Tod der geliebten Mutter ein Vierteljahrhundert gemeinsam lebte und die es sich zur Lebensaufgabe machte, sein Alter friedlich, heiter und harmonisch zu gestalten. Das gelang ihr in höchstem Masse, sodass man wohl in der Meinung nicht fehlgeht, dass, dank ihrer Fürsorge und Hingabe, seine hohen Jahre seine glücklichsten gewesen sind. Er liebte, verehrte und bewunderte sie, wie sie es voll verdiente; es war immer zutiefst rührend, die Zeugnisse seiner ein wenig scheuen, stummen, ritterlichen Liebe wahrzunehmen: wenn er etwa zu Hause war und sie die Wohnung verliess, auch nur um eine flüchtige Besorgung zu machen, trat er ans Fenster und blickte ihr über die Strasse nach, bis sie um die Ecke bog und seinen Blicken entschwand.

Abb. 16: Paul und Martha Bernays

Das Bild würde indessen völlig missgezeichnet sein, das ihn nur als einen zartfühlenden, warmherzigen, leutseligen Menschen darstellte. Er war wirklich so, aber nicht nur so. Er war auch höchst eigenwillig und eigensinnig, wie es einem Mann von ausgeprägtem Charakter geziemt; er konnte sogar störrisch werden, wenn es nicht nach seinem Kopfe ging, und es wäre kaum jemandem gelungen, ihn von einem einmal gefassten Plan abzubringen. Er war, wie wir alle, ein Mensch mit seinem Widerspruch: in seinem Denken und Forschen überaus neuartig und seiner Zeit voraus, und überaus konservativ in seinen Neigungen, seinen Gewohnheiten und insbesondere in seinen künstlerischen Anschauungen; in der Tradition tief verwurzelt und doch aus ihr weg strebend; für Freundschaft begabt und empfänglich und heiterer Geselligkeit durchaus zugetan, und trotzdem verschlossen."

Ludwig Bernays

Der Sohn von Paul Bernays' Bruder Adolphe, Ludwig Bernays (1924–2020), hatte mit seinem Onkel Paul und dessen Schwestern sowie mit seiner Großmutter Sara seit deren Umzug von Berlin nach Zürich 1934 einen engen und intensiven Kontakt. Dieser dürfte sich noch intensiviert haben, als Ludwig Bernays eine eigene Familie gründete. Paul Bernays verbrachte viel Zeit und auch Ferien mit seinem Neffen Ludwig und dessen Frau sowie mit seinen Großneffen und -nichten. Ludwig Bernays schreibt aus der familiären Perspektive über die Aufrichtigkeit und Weitherzigkeit seines Onkels, über dessen politische und religiöse Überzeugungen und Einstellungen wie folgt:[24]

Abb. 17: Paul und Martha Bernays bei der Verlobung
von Pauls Neffen Ludwig Bernays

„Alle ihm zuteil gewordenen äusseren [wissenschaftlichen] Ehrungen nahm er dankbar und mit herzlicher Freude entgegen, obschon er sie oft für unberechtigt hielt – ohne je seine vollkommen nüchterne und unprätentiöse Haltung zu verlieren. Nie hätte jedoch bei ihm auch nur im Entferntesten der Verdacht einer bloss gespielten Bescheidenheit aufkommen können – wie ihm überhaupt jegliche Fähigkeit, sich in Szene zu setzen, und auch die Kunst der Diplomatie völlig abging. Obschon er aber stets, ohne die jeweiligen Umstände in Betracht zu ziehen, genau das sagte, was er dachte, hat er wohl kaum je einen Menschen ernstlich verletzt, da er von vollkommener Uneigennützigkeit war und Abneigungen, Ressentiments oder Vorurteile überhaupt nicht kannte. Auch diese Haltung der Toleranz und des gütigen Wohlwollens gegenüber allen Menschen – oder vielmehr gegenüber allen Lebewesen, denn er war auch ein grosser Tierfreund – hatte wiederum nichts Absichtsvolles an sich; sie folgte nicht irgendwelchen Grundsätzen oder Dogmen, sondern entsprang ganz unmittelbar dem Grunde seines Wesens.
Trotz seiner Weitherzigkeit konnte Paul Bernays aber in sehr bestimmter und entschiedener Weise Stellung nehmen – auch etwa in politischen Dingen. In politischer Hinsicht war er wohl zu einem wesentlichen Teil durch den Philosophen Leonhard [sic] Nelson

geprägt worden, dessen Schüler und eifriger Anhänger er in seiner Göttinger Studienzeit gewesen war. In seinen späteren Jahren distanzierte er sich freilich mehr und mehr von den politischen Positionen dieses Philosophen, während er die allgemeinen Ideen des Liberalismus und den demokratischen Staatsgedanken stets hochhielt. Ohne jemals eine parteipolitische Aktivität entfaltet zu haben, hielt er es doch für verfehlt, ja geradezu für eine Art Sünde, sich vom politischen Leben in den Elfenbeinturm des Gelehrten zurückzuziehen. So nahm er bis in die letzte Zeit mit grösster Regelmässigkeit und Gewissenhaftigkeit an sämtlichen Abstimmungen und Wahlen teil und versuchte stets, sich ohne jede Voreingenommenheit eine eigene Meinung zu bilden.
Seine weitgehende Toleranz auch in religiösen Dingen liess ihn jede Art von engherziger Orthodoxie ablehnen. Trotzdem hielt er an der jüdischen Familientradition – die allerdings schon in früheren Generationen mehrfach durchbrochen war – mit Nachdruck fest, wohl in erster Linie aus einer gewissen konservativen Grundhaltung heraus, die Treue und Anhänglichkeit um ihrer selbst willen forderte."
Ludwig Bernays hat sich um das Andenken seines Onkels Paul besonders verdient gemacht. Niemand hat die Autoren dieser Biografie so sehr unterstützt, ihnen unzählige Fragen beantwortet, sie mit privaten

Unterlagen versorgt, ihnen Hinweise auf weiterführende Literatur gegeben wie Ludwig Bernays. Im Hinblick auf diese Biografie verfasste er einen eigenen, wertvollen persönlichen Beitrag zum Privat- und Familienleben von Paul Bernays, den folgenden Text:[25]
„Seit meiner Kindheit war Paul B. ein häufiger Gast bei uns, d. h. bei der 1924–1939 in Uttwil/TG am Bodensee wohnhaften Familie seines Bruders Adolphe. Mit diesem 1¼ Jahre jüngeren einzigen Bruder, meinem Vater, war Paul eng verbunden; beide Brüder schätzten einander hoch, obschon sie von sehr verschiedenem Naturell waren. Gemeinsam war ihnen die Leidenschaft für Musik; in jungen Jahren hatten sie – Paul am Klavier, Adolphe als Violinist – viel miteinander musiziert. Später wurde dies wegen Adolphes zunehmender, rasch zu völliger Taubheit führender Schwerhörigkeit unmöglich. Adolphe, der sich neben der Musik auch intensiv für Literatur und bildende Kunst interessierte und sich mit Publikationen für moderne Malerei und Architektur einsetzte, hätte wahrscheinlich – wie schon sein Onkel, der Operndirigent und Komponist Gustav Brecher – ohne seine Taubheit auch für moderne Musik ein offenes Ohr gehabt; Pauls musikalischer Horizont war dagegen klar auf die Epoche von Bach bis Liszt beschränkt: schon Brahms, erst recht Wagner, Bruckner, Mahler blieben ihm weitgehend fremd. Der absolute Höhepunkt

der Musik war für ihn Mozart. Sein Klavierspiel war nicht virtuos oder besonders beeindruckend; aussergewöhnlich war jedoch seine Fähigkeit, auch schwierige ihm fremde Kompositionen prima vista vom Blatt zu spielen. Für keinen der herausragenden Pianisten seiner Zeit hatte er eine besondere Vorliebe oder Bewunderung: mit Lob – aber auch mit Kritik – an ausübenden Musikern war er immer äusserst sparsam. Andrerseits konnte er mit Entzücken einen Abend lang dem Gesang einer Amsel lauschen. Wie sein musikalischer Horizont waren auch seine übrigen Interessen im Vergleich zu denjenigen meines Vaters deutlich begrenzt. Ausserhalb seiner engeren Fachliteratur waren – wenn ich mich nicht täusche – Kant und Schiller für ihn wichtige Autoren; auch Nietzsche interessierte ihn. Besondere Freude hatte er an Spassliteratur wie Wilhelm Busch oder Morgensterns Galgenliedern.

In Uttwil fühlte sich Paul, glaube ich, stets wohl – ähnlich wie später jeweils an den Mathematikertagungen in Oberwolfach. Ein für mich, vielleicht aber auch für ihn besonders unvergessliches Erlebnis war eine mit der ganzen Familie von Uttwil aus unternommene Tour auf den Säntis mit Übernachten auf der Meglisalp – wohl 1934, noch vor Eröffnung der Säntisbahn. Auch noch in höherem Alter machte Paul immer gern Bergwanderungen, wenn es ihm auch an

Gelegenheiten zu eigentlichen Hochgebirgstouren fehlte. Für Schulreisen seiner Grossnichten und -neffen in die Berge zeigte er jeweils lebhaftes Interesse; oft staunten die Kinder über seine geographischen Kenntnisse. Im Übrigen war er völlig unsportlich; er konnte nicht Velo fahren und nicht gut schwimmen – von Skifahren oder gar Fussball und ähnlichen Sportarten, die für ihn eine fremde Welt waren, ganz zu schweigen. Einzig Tischtennis spielte er gelegentlich noch im hohen Alter mit Geschick; er hatte dieses Spiel während Ferienaufenthalten bei seinem früheren Studenten Max Husmann, dem Direktor des Knabeninstituts Montana auf dem Zugerberg, kennen gelernt. Interesse hatte er auch am Schachspiel; es machte ihm Spass, die jeweils in der NZZ erschienenen Schachaufgaben zu lösen."

Schließlich kommentierte Ludwig Bernays in seinem Text den Umstand, dass Paul Bernays zeitlebens Junggeselle blieb, mit Bezug zu zwei Briefen von Anna Freud (1895–1982), der Tochter von Sigmund Freud und Martha Bernays, die eine Cousine seiner Eltern war (nicht zu verwechseln mit Paul Bernays' Schwester).

Brief vom 14.9.1981: „Mit sehr viel Interesse habe ich gelesen[,] dass Paul Bernays, Ihr Onkel, nach Göttingen berufen war, denn er muss es sein[,] den ich als jungen Mann dort begegnet habe [sic!] wie ich bei

Frau Lou Andrea[sic]-Salomé zu Besuch war. Ich war damals sehr jung, auch noch gar nicht an junge Männer gewöhnt, und ich habe eine dunkle Erinnerung dass er mich eines Abends nach Hause gebracht hat und mir vor der Haustüre einen Kuss geben wollte, was ich erschrocken und entrüstet abgewehrt habe."

Brief vom 28.9.1981: „Vielen Dank für den Bericht über die Trauerfeier für Paul Bernays. Ich war sehr interessiert auf der Photographie sein Gesicht wieder zu sehen, wenn auch nichts daran dem jungen Mann[,] dem ich begegnet bin[,] mehr ähnlich sieht. Die Karriere[,] die er gemacht hat[,] hätte man damals gar nicht von ihm erwartet."

„Anna Freuds Erzählung ist wohl charakteristisch für Pauls Missgeschick mit Frauen. Abgesehen von Anna F. – die später mit einer Lebenspartnerin zusammenlebte – weiss ich zufällig von zwei Cousinen meiner Mutter, die ihm Körbe gaben; es gab aber offenbar auch Frauen – Genaueres weiss ich nicht – die ihm nachliefen und von ihm abgewiesen wurden. Ideal war dagegen sein Verhältnis zu seiner Schwester Martha."

René Bernays, ein Sohn von Ludwig Bernays, weiß aus den Kindheitserinnerungen an seinen Großonkel Paul noch zu berichten, dass er Kinder sehr mochte und gerne mit seinen Großneffen und -nichten spielte. Er habe eine recht kindliche Seite gehabt. Wenn er, René, oder eines seiner Geschwister z. B. eine Treppe hinunterrannte und dabei eine oder zwei Stufen übersprang, hätte es ihnen ihr Großonkel Paul gleichgetan. Das hätte sogleich Pauls Schwester Martha auf den Plan gerufen. Sie habe ihren Bruder besorgt ermahnt, er sollte doch um Himmels willen vorsichtig sein und ja nicht stürzen.

Zum Abschluss zitieren wir noch einmal **Ludwig Bernays**, der bei der Trauerrede für seinen Onkel noch einmal die musische Seite von Paul Bernays hervorhob:

„Bis in die letzten Wochen seines Lebens liebte er es [...] zu musizieren. Ueberhaupt war die Musik, und besonders die selber gepflegte Kammermusik, während seines ganzen Lebens neben der Wissenschaft seine eigentliche Passion geblieben. Von den Schmerzen [...] in den letzten Monaten [...] lenkte er sich selber ab, indem er irgend eines der zahlreichen ihm vertrauten und von ihm geliebten musikalischen Themen und Motive – er kannte z. B. alle Mozart-Opern nahezu auswendig – vor sich hin summte. Mit seinem Tod fand ein bei aller Schlichtheit aussergewöhnliches, aber erfülltes und harmonisches Leben einen harmonischen Abschluss."

Abb. 18: Paul Bernays beim Klavierspiel

Anmerkungen

1 Interview mit Prof. Paul Bernays, 25. Juli 1977, mit Dr. Jean-Pierre Sydler, Direktor der ETH Bibliothek, Original-Typoscript S. 10.
2 Volker Peckhaus, Hilbertprogramm und Kritische Philosophie, Göttingen, Vandenhoeck & Ruprecht, 1990, S. 150.
3 Minna Specht und Willi Eichler (Hg.), Leonard Nelson zum Gedächtnis, Frankfurt a. M., Verlag Öffentliches Leben, 1953, S. 303.
4 Günther Frei und Urs Stammbach, Die Mathematiker an den Zürcher Hochschulen, Basel, Springer Basel, 1994, S. 20.
5 Vgl. Constance Reid, Hilbert, New York, Springer, 1996, S. 151.
6 Interview mit Prof. Paul Bernays, 25. Juli 1977, Original-Typoscript S. 12.
7 Interview mit Prof. Paul Bernays, 25. Juli 1977, Original-Typoscript S. 13.
8 Birgit Bergmann und Moritz Epple (Hg.), Jüdische Mathematiker in der deutschsprachigen akademischen Kultur, Berlin, Springer, 2009, S. 77.
9 Constance Reid, Hilbert, New York, Springer, 1996, S. 173.
10 Richard Courant, „Reminiscences from Hilbert's Göttingen", in: *The Mathematical Intelligencer* 3 (1981), S. 164. Übersetzung Reinhard Kahle.
11 Heinrich Becker et al. (Hg.), Die Universität Göttingen unter dem Nationalsozialismus, München, K. G. Saur, 1987, S. 346.
12 Schriftliche Mitteilung (Email vom 23.6.2017) an Reinhard Kahle von Prof. Volker Strassen, einem jüngeren Kollegen von Paul Bernays an der Universität Zürich.
13 Horst Tietz, „Menschen. Mein Studium, meine Lehrer", in *DMV-Mitteilungen*, Nr. 4, 1999, S. 44.
14 Die folgenden Zitate aus: ETH-Bibliothek, Hochschularchiv, Hs 975-3907, Prof. Arnold Schmidt an Paul Bernays.

15 ETH-Bibliothek, Hochschularchiv, Hs 976a-554. Paul Bernays an Martha Bernays vom 13.2.1965.

16 Gespräch von Prof. Erwin Engeler mit den beiden Autoren vom 13.6.2017.

17 „Erinnerungen an das Logik-Kolloquium/Seminar an der ETH Zürich ab Herbst 1964“, verfasst von Georges Wick auf Anfrage von Giovanni Sommaruga. Erhalten am 24.9.2018.

18 „Erinnerungen an Paul Bernays. Logik-Seminare von E. Specker am Montag“, verfasst von Dr. Markus N. Wietlisbach auf Anfrage von Giovanni Sommaruga. Erhalten am 1.9.2017.

19 Kopien der zwei Briefe von Anita Feferman an Paul Bernays und dessen Antworten. Giovanni Sommaruga hat sie am 3.10.2012 von Prof. Solomon Feferman erhalten.

20 ETH-Bibliothek, Hochschularchiv, Hs 976a-544. Prof. Georg Kreisel an Martha Bernays.

21 Saunders Mac Lane, A Mathematical Autobiography, Wellesley MA, A K Peters, 2005, S. 47. Übersetzung der Autoren.

22 Text von Prof. Erwin Engeler zu seiner Einführungsrede an der 1. Ausgabe der Ehrenvorlesungsreihe „Paul Bernays Lectures“ vom 11. September 2012 an der ETH Zürich.

23 Broschüre „PAUL BERNAYS. 17. Oktober 1888 – 18. September 1977“ zur Trauerfeier vom 23. September 1977, hg. von Ludwig Bernays, zhd. der Angehörigen und Freunde von Paul Bernays (nicht veröffentlicht, ohne Datum).

24 Broschüre PAUL BERNAYS [Anm. 22].

25 Diesen Text hat Ludwig Bernays am 14.6.2017 als Email an Giovanni Sommaruga geschickt.

Abbildungsverzeichnis

Abb. 1: Lithografie „Isaac Bernays“, Staats- und Universitätsbibliothek Hamburg

Abb. 2: © Reinhard Kahle

Abb. 3: Fotosammlung René Bernays

Abb. 4: Digitalisat von Marko Kafé (https://commons.wikimedia.org/wiki/File:Leonard_Nelson_(1882-1927)_digitalised.jpg), „Leonard Nelson (1882-1927) digitalised“, https://creativecommons.org/licenses/by-sa/4.0/legalcode

Abb. 5: Fotosammlung René Bernays

Abb. 6: Oberwolfach Photo Collection, Photo ID 12585, Copyright unbekannt

Abb. 7: Bildarchiv der ETH Zürich. https://doi.org/10.3932/ethz-a-000046430

Abb. 8: © Doris Kahle

Abb. 9: „Archiv für berufsständische Rassenstatistik“, hg. v. „Kreis der Freunde und Förderer der Deutschen Auskunftei“, Heft 1, Göttingen 1928

Abb. 10: ETH Bibliothek, Hochschularchiv, Hs 976: 8

Abb. 11: ETH Bibliothek, Hochschularchiv, Hs 975: 2223

Abb. 12: Nachlass Hugo Ribeiro

Abb. 13: Univ. Archiv Freiburg, Depositalbestand E6, Photo ID 11199

Abb. 14: Fotosammlung René Bernays

Abb. 15: © Reinhard Kahle

Abb. 16: Fotosammlung René Bernays

Abb. 17: Fotosammlung René Bernays

Abb. 18: © Erwin Engeler

Quellenverzeichnis

Unsere wichtigsten Quellen, von denen wir sowohl mündliche wie schriftliche Informationen erhalten haben, sind: Ludwig Bernays (Neffe von Paul Bernays), René Bernays (Großneffe von Paul Bernays), und Erwin Engeler (letzter Doktorand und späterer ETH-Kollege von Paul Bernays).

Broschüre zur Trauerfeier von Paul Bernays: „Paul Bernays. 17. Oktober 1888 – 18. September 1977".

Paul Bernays, „Kurze Biographie", in: Gert H. Müller (Hg.), Sets and Classes. On the Work by Paul Bernays, Amsterdam, North Holland Publ. Co., 1976, pp. xiv-xvi.

Constance Reid, Hilbert, New York, Springer Verlag, 1996.

Max Zweig, Lebenserinnerungen, Gerlingen, Bleicher Verlag, 1992.

Heinrich Becker et al. (Hg.), Die Universität Göttingen unter dem Nationalsozialismus, München, Saur, 1987.

Rudolf von Thadden und Günter Trittel (Hg.), Göttingen. Geschichte einer Universitätsstadt, Band 3, Göttingen, Vandenhoeck & Ruprecht, 1999.

Interviews

Interview mit Prof. Paul Bernays, 25. Juli 1977 mit Dr. Jean-Pierre Sydler, Direktor der ETH-Bibliothek;

Interview mit Prof. Paul Bernays, 13. August 1977 mit Elsa & Alfred Düggelin, ETH-Bibliothek;

Interview mit Prof. Dr. Dr. h.c. Paul Bernays mit Frau E. Clavadetscher, 27. August 1977;

jeweils in: ETH-Bibliothek, Hochschularchiv, T 1285, Tonbandaufnahmen mit Paul Bernays, online:
https://www.research-collection.ethz.ch/handle/20.500.11850/138861.

Über die Autoren

Reinhard Kahle
ist Carl Friedrich von Weizsäcker-Stiftungsprofessor für Theorie und Geschichte der Wissenschaften an der Universität Tübingen. Er ist Mitglied der Académie Internationale de Philosophie des Sciences. Zu seinen Forschungsgebieten gehören u. a. die Geschichte und Philosophie der Logik mit besonderem Schwerpunkt auf der Hilbert-Schule in Göttingen.

Giovanni Sommaruga
ist pensionierter Senior Scientist der ETH Zürich und Titularprofessor der Universität Freiburg (Schweiz). Er arbeitete zur mathematischen und philosophischen Logik sowie zur Philosophie und Geschichte der Formalwissenschaften an der ETHZ und an den Universitäten Basel, Freiburg (Schweiz) und Freiburg (Deutschland). An der ETH Zürich gründete er 2011 die Paul Bernays Lectures.